"十二五"职业教育国家规划教材

经全国职业教育教材审定委员会审定

电路仿真与绘图
快速入门教程

（第 2 版）

主　编　康晓明　卫俊玲

副主编　安海霞　王笑天

国防工业出版社

·北京·

内容简介

本书分为"电路仿真"和"电路CAD"两部分内容。"电路仿真"部分通过9个实际项目,循序渐进地介绍了 Multisim 10 软件的功能、软件使用环境、基本元件库、常用仪表功能及其使用方法、电路仿真流程等。"电路CAD"部分通过4个实际项目,循序渐进地介绍了 Protel DXP 2004 软件的功能、软件使用环境、电路原理图的设计流程、印制电路板的相关知识、印制电路板的设计以及元件库的制作等。

本书通俗易懂,特别适合急需掌握"电路仿真"和"电路CAD"知识的初学者。本书可作为电类和机电类专业的教材和教学参考书。

图书在版编目(CIP)数据

电路仿真与绘图快速入门教程/康晓明,卫俊玲主编. —2版. —北京:国防工业出版社,2014.9
"十二五"职业教育国家规划教材
ISBN 978 - 7 - 118 - 09707 - 8

Ⅰ.①电... Ⅱ.①康...②卫... Ⅲ.①电子电路 –
计算机仿真 – 应用软件 – 高等职业教育 – 教材②印刷电
路 – 计算机辅助设计 – 应用软件 – 高等职业教育 – 教材
Ⅳ.①TN702②TN410.2

中国版本图书馆 CIP 数据核字(2014)第 200764 号

※

国防工业出版社出版发行
(北京市海淀区紫竹院南路23号 邮政编码100048)
北京奥鑫印刷厂印刷
新华书店经售
*
开本 787×1092 1/16 印张 12 字数 260 千字
2014 年 9 月第 2 版第 1 次印刷 印数 1—3000 册 定价 29.00 元

(本书如有印装错误,我社负责调换)

国防书店:(010)88540777 发行邮购:(010)88540776
发行传真:(010)88540755 发行业务:(010)88540717

前　　言

本书是在 2009 年国防工业出版社出版的《电路仿真与绘图快速入门教程》基础上修订而成。全书分为"电路仿真篇"和"电路 CAD 篇"两部分内容。

《电路仿真与绘图快速入门教程》出版后,作者边教学边听取同行和学生对教材的反馈,特别注重听取行业企业人员的建议,紧紧围绕职业标准,不断与行业企业人员共同探讨,以充实完善教材内容。此次修订在内容选取和结构编排上更加注重体现职业性、实践性及通用性。针对问卷和企业调研反馈的好建议,教材进行了如下修订:

(1) 改变传统教材编写结构顺序。修订教材的编写结构按照项目电路由简单到复杂的顺序,先介绍电路仿真,再介绍电路板设计与制作。无论是电路仿真还是电路板设计与制作的编写都遵循"做中学,做中教"。介绍软件中命令、工具等采取项目驱动。修订后的教材有效激发了学习者的学习兴趣。

(2) 增添企业真实项目的电路板设计与制作内容,并作绘图技巧分析与总结,提高实战技能,增强了教材的实用性。

(3) 教材重点帮助学生快速掌握"电路仿真"、"电路板设计与制作"软件的使用方法与技巧。为此,作者精心选择学习者易懂的典型电路做案例,并增加对电路的简单介绍,从而更有利于不同学习程度的学习者快速掌握。

(4) 增添每个项目总结,包括使用注意事项、技巧,并附有练习题和解答提示。与书配套的相关内容学习视频,学习者可登录"爱课程"资源共享课程《电器元器件检测与应用技术》网站(http://www.icourses.cn/cousestatic/course_4293.html)学习。

本书由天津职业大学一线教师和天津市中环自动化技术控制设备有限公司的一线技术人员共同探讨编写。其中,实践操作项目 1、2、3、4、5、6 由天津职业大学康晓明教授编写,实践操作项目 7、8、9 由天津职业大学安海霞副教授编写,实践操作项目 10、11、12 由天津职业大学卫俊玲老师编写,实践操作项目 13 由天津市中环自动化技术控制设备有限公司王笑天工程师编写。附录由卫俊玲整理。本书中实践操作项目"操作过程"的视频由河北工业大学学生葛文杰演示操作并录制。全书由康晓明统稿。本书由天津市中环自动化技术控制设备有限公司马友来总经理和天津科技大学薛薇教授担任主审。

感谢同行的大力支持,感谢学生的支持!

在此,特别对国防工业出版社刘炯编辑的支持和帮助表示衷心感谢。

由于时间和水平所限,书中不妥之处恳请读者批评指正。

作 者

目　录

电路仿真篇

电路 CAD 篇

电路仿真篇

  Multisim 是以 Windows 为基础的仿真工具，具有丰富的元件数据库及强大的仿真分析功能，适用于板级的模拟/数字电路板的设计工作。它包含了电路原理图的图形输入、数模 Spice 仿真、VHDL/Verilog 设计与仿真、FPGA/CPLD 综合、RF 设计和后处理功能，还可以进行从原理图到 PCB 布线工具包的无缝隙数据传输。本书主要介绍 Multisim 的电路设计与仿真功能，采用的软件版本是 Multisim10。

  利用 Multisim 软件可以实现计算机仿真设计，建立虚拟实验室，设计与实验可以同步进行，可以边实验边设计，修改调试方便。设计和实验用的元器件及测试仪器仪表齐全，可以完成多种类型的电路设计与实验，实验速度快，效率高。

  对于电路设计者来说，Multisim 软件能满足电路电子设计与仿真，满足从参数到产品的设计要求，节约电路设计时间，降低实验费用，提高电路设计的可靠性。对于电类及相关专业的学生来说，不仅可以通过设计与仿真验证所学理论知识，同时也可以开发自己的设计能力，通过仿真很快验证自己的设计思想，提高电路电子技术的实践环节能力，激发电路设计兴趣。

实践操作项目1　基尔霍夫电流定律的仿真

能 力 目 标

1. 熟悉 Multisim 软件的使用环境。
2. 熟悉信号源库和基本元件库，会放置并编辑元件。
3. 会进行电路的连接与编辑。
4. 了解仪表工具栏，会使用电流表、万用表测量电流。
5. 会在 Multisim 中建立简单电路模型并仿真。

【任务资讯】

基尔霍夫定律是电路的基本定律，它分为基尔霍夫电流定律与基尔霍夫电压定律。图 1-1 为基尔霍夫电流定律的仿真电路，所用元件为电阻和直流电压源，因此要用到基本元件库和信号源库。

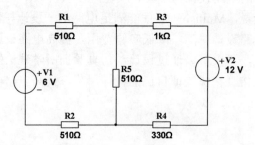

图 1-1　验证"基尔霍夫电流定律"的仿真电路

项目主要介绍电路仿真的流程，通过本操作项目的学习可以很快掌握电路仿真的步骤与要点，熟悉基本元件库与测量电流的方法。

【任务实施】

步骤 1：创建电路文件。

安装 Multisim10 软件后，双击该软件的快捷图标，即可运行 Multisim10 软件，打开的软件主界面如图 1-2 所示，且系统会自动建立一个名为"Circuit1"的电路文件，显示在主界面左侧的"Design Toolbox"设计工具盒中。

打开 Multisim10 软件后，通过执行如图 1-3 所示的【File】(文件菜单)→【New】(创建)命令；或点击如图 1-4 所示的 Standard(标准)工具栏中的 □New(创建)文件图标；或利用快捷键"Ctrl+N"，均可创建电路文件。

步骤 2：保存文件。

执行【File】(文件菜单)→【Save】/【Save As...】(保存/另存为...)命令；或点击 Standard(标准)工具栏中 ▣Save(保存)文件图标；或利用快捷键"Ctrl+S"；或如图 1-5 所示右键点击 Circuit1

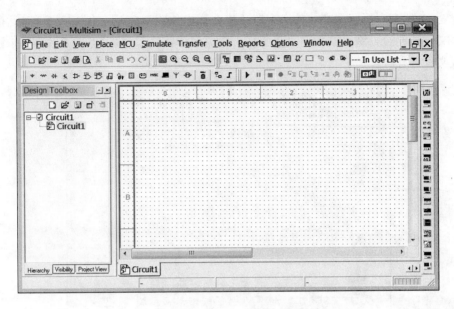

图 1-2　Multisim 软件主界面

图 1-3　【File】文件菜单

图 1-4　Standard(标准)工具栏

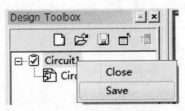

图 1-5　Save(保存)文件

3

后选择 Save 保存，执行保存文件命令后，将会弹出如图 1-6 所示的保存文件对话框，指定保存文件的路径，键入文件名"基尔霍夫电流定律仿真"，然后点击【保存】按钮，即可完成文件的保存。

图 1-6　保存文件对话框

[点拨]

执行【Options】(选项菜单)→【Global Preference】(全局设置)命令，在弹出的设置对话框中，选择【Save】选项，如图 1-7 所示，将"Auto-backup(自动备份)"设置为有效，可自行设置系统自动备份文件的时间间隔，系统默认的时间间隔为"1 minutes(分钟)"。

也可在建立文件的过程中，不断执行保存文件命令。

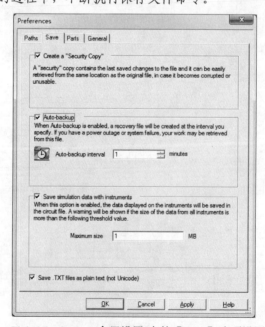

图 1-7　Global Preference(全局设置)中的【Save】选项设置对话框

4

步骤 3：放置元件。

Multisim 中有丰富的元件库,电路仿真所需的元件均可在元件库中查找。Components(元件)工具栏(该工具栏默认是可见的)如图 1-8 所示。

图 1-8　Components(元件)工具栏

本操作项目所用到的元件库为信号源库和基本元件库,其功能如下:

＋ Source 信号源库：含接地、直流信号源、交流信号源、受控源等;

〜 Basic 基本元件库：含电阻、电容、电感、变压器、开关、负载等。

(1) 熟悉基本元件库。

点击元件工具栏中的 〜 Place Basic(放置基本元件)按钮图标, 将弹出 Select a Component(选择元件)对话框,如图 1-9 所示。该窗口的左侧列出了 Basic(基本元件库)所包含的 Family(族)系列,可以看到该库包含电阻排、开关、变压器、继电器、连接件、插座、电阻、电容、电感、电位器等元件。选择"Family"(族)中的"RESISTOR"(电阻)系列,可看到"Component"(元件)区显示出电阻的各系列值(默认选择的为 1kΩ),"Symbol"符号区中显示出电阻元件的符号,可看到显示的电阻元件符号与国家标准的电路符号不同,下面将对仿真中所用元件的符号标准加以设置。

基本元件库中其他元件的介绍见附表 A-1。

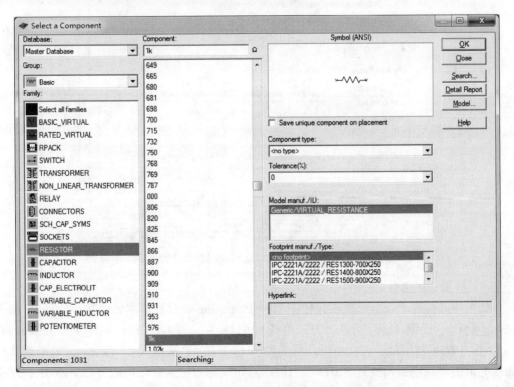

图 1-9　Select a Component(选择元件)对话框

[点拨]

在 Multisim 中包含两类元件,一类为虚拟元件,一类为现实元件。现实元件是指根据实际存在的元件参数而设计的,模型精度高,仿真可靠,提取某元件时,需先打开其所在库,而后选择提取;虚拟元件是指元件的大部分模型是元件的典型值,部分模型参数可由用户设定,其提取速度较现实元件快,而且在设计中会用到各种各样的参数器件,能直接修改其中的参数,将会给设计带来极大的方便。仿真时优先选用的是现实元件。

(2) 设置电路符号标准。

通过【Options】(选项菜单)设置电路环境,执行【Options】(选项菜单)→【Global Preference】(全局设置)命令,在弹出的设置对话框中,作如图 1-10 所示的设置,【Parts】选项的中的 "Symbol Standard" 符号标准区,缺省设置采用的为 ANSI(美国符号)标准,由于我国的标准与 DIN(欧洲符号)标准较相近,因此将 "Symbol Standard" 符号标准区的设置改为 DIN(欧洲符号)标准,其他设置均采用缺省设置。

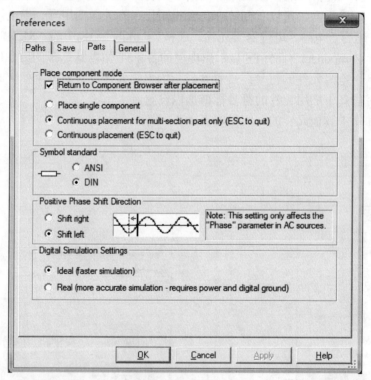

图 1-10 Global Preference(全局设置)中的【Parts】选项设置对话框

(3) 放置电阻元件。

如图 1-11 所示点击元件工具栏中的 ⚡Place Basic(放置基本元件)按钮图标,选择 ▭ RESISTOR电阻系列后,有两种方式查找 510 Ω 电阻,图 1-12 所示为拖动 "Component"(元件)区中的垂直滚动条查找电阻,图 1-13 所示为在 "Component" (元件)区中的查找栏输入电阻值查找电阻,找到 510 Ω 电阻后,点击鼠标左键选择该电阻,然后点击【OK】(确认)按钮,如图 1-14 所示,光标上将会附着一电阻符号,拖动鼠标将光标移动到电路

6

窗口合适位置，点击鼠标左键即可将 510Ω 电阻放置到电路窗口，并且系统会自动给出其参考序号 R1 与其阻值 510Ω 一并显示出来，如图 1-15 所示。

图 1-11　放置基本元件工具图标

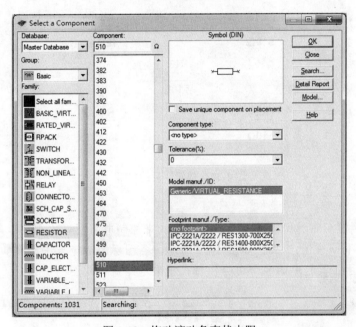

图 1-12　拖动滚动条查找电阻

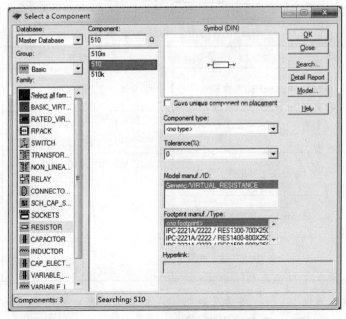

图 1-13　输入电阻值查找电阻

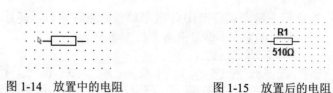

图 1-14　放置中的电阻　　　　　　图 1-15　放置后的电阻

同理，放置其他阻值的电阻，如图 1-16 所示。

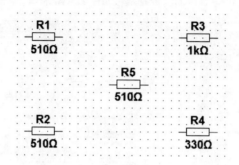

图 1-16　放置完后的电阻

[点拨]

放置完元件后，可利用视图工具或快捷方式来控制电路窗口的视图。具体方法如下：

方法一：View(视图)工具栏如图 1-17 所示，各图标的功能与快捷键如表 1-1 所示，执行 View (视图)工具栏中的各个命令图标，观察电路窗口视图的变化。

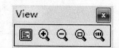

图 1-17　View(视图)工具栏

表 1-1　视图工具栏功能解释

工具图标	功能	功能解释	快捷键
	Toggle Full Screen 全屏显示	全屏显示当前电路文件	—
	Increase Zoom 放大	以鼠标为中心放大当前窗口显示的电路文件	F8
	Decrease Zoom 缩小	以鼠标为中心缩小当前窗口显示的电路文件	F9
	Zoom Area 局部放大	放大鼠标所指示矩形区域的内容	F10
	Zoom Fit to Page 放大到适合页面	将当前窗口电路文件适合页面最大化显示出	F7

方法二：操作如表 1-1 所示的各个快捷键，观察电路窗口视图的变化。

方法三：移动光标到电路窗口的某一位置，前后拨动鼠标中间滚轮，观察电路窗口文件视图的变化，向后拨动鼠标中间滚轮视图将会缩小，向前拨动鼠标中间滚轮视图将会放大。

注：查看【Options】(选项菜单)→【Global Preference】(全局设置)中的【General】选项设置对话框如图 1-18 所示，可知"Mouse Wheel Behaviour"鼠标滚轮动作区，默认设置为"Zoom workspace"放大或缩小工作窗口。

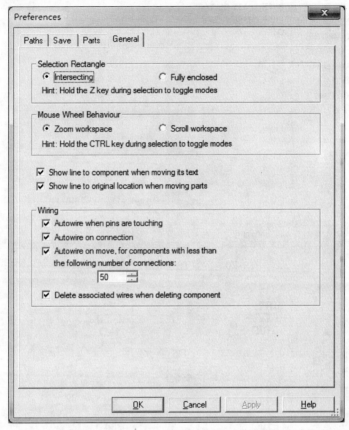

图 1-18　Global Preference(全局设置)中的【General】选项设置对话框

(4) 放置电源。

如图 1-19 所示点击元件工具栏中的 ╪Place Source(放置信号源)按钮图标，将弹出放置元件对话框，如图 1-20 所示，选择 POWER_SOURCES 系列中的 DC_POWER 直流电源，点击【OK】按钮，光标上将附着一直流电压源符号，移动鼠标使光标到达电路窗口的合适位置，点击鼠标左键放置直流电压源，系统默认放置的电压源值为 12V，同时自动将其命名为 V1。放置完 V1 后，系统自动返回放置电源窗口(图 1-10 中的软件环境已作设置)，点击【OK】按钮，放置电压源 V2，放置后的 V1 与 V2 如图 1-21 所示。

信号源库中其他元件的介绍见附表 A-2。

图 1-19　放置电源按钮图标

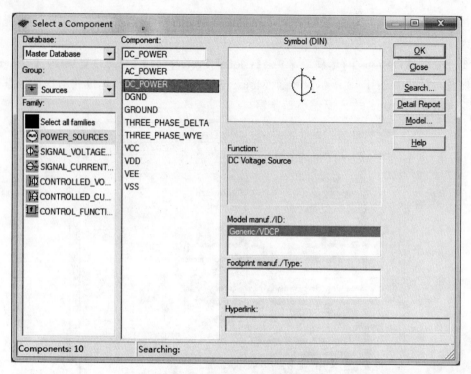

图 1-20　放置直流电压源对话框

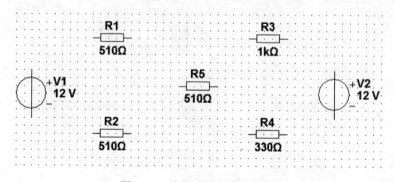

图 1-21　放置后的直流电压源

步骤 4：编辑元件。

元件连接到电路前，要进行元件的编辑，如元件属性的编辑，元件的移动、旋转、复制与删除等操作。

(1) 元件的选择。

编辑元件前，先要选中所需编辑元件。元件的选择有两种方法：

方法一：在元件符号上点击鼠标左键，即可选中该元件，需选择多个元件时，按住【Shift】键，单个元件逐个选取，被选中的元件被一虚线矩形框住。

方法二：从被选择元件的左上角，按住鼠标左键不放，拖动光标直到被选择元件的右下角，松开鼠标左键，拖出一矩形区域即可选中该矩形区域内的所有元件，多个元件的矩形框选如图 1-22 所示，选中后的元件如图 1-23 所示。

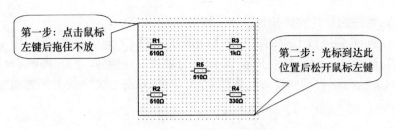

图 1-22　多个元件的矩形框选

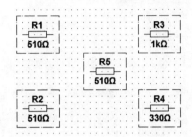

图 1-23　选中后的元件

(2) 元件的属性编辑。

验证"基尔霍夫电流定律"仿真电路所用到的直流电压源为 6V 与 12V，需将前面放置的直流电压源 V1 值修改为 6V。

选中直流电压源 V1 后，双击鼠标左键，弹出电源属性对话框，如图 1-24 所示将电压源的电压值修改为 6V，其他参数不作设置，设置完成后点击【OK】按钮，退出属性设置对话框。

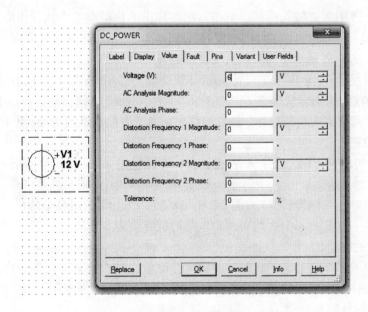

图 1-24　修改直流电压源属性对话框

(3) 元件的旋转与翻转。

选中单个或多个需旋转或翻转的元件后，执行元件的旋转或翻转命令即可改变元件

的放置方向。元件的旋转或翻转有以下三种方法:

方法一:执行【Edit】(编辑菜单)→【Orientation】(方向子菜单)命令(图 1-25),将元件旋转或翻转到合适方向。其中 Flip Vertical 为垂直方向翻转,Flip Horizontal 为水平方向翻转,90 Clockwise 为顺时针方向旋转 90 度,90CouterCW 为逆时针方向旋转 90 度。

图 1-25　元件的旋转与翻转

方法二:选中需旋转元件后,点击右键在弹出的快捷菜单中执行相应的旋转与翻转命令。

方法三:选中需旋转元件后,直接使用旋转与翻转的相应快捷键,其快捷键在菜单命令旁边有所显示,(图 1-25),Flip Vertical 快捷键为"Alt+Y",Flip Horizontal 快捷键为"Alt+X",90 Clockwise 快捷键为"Ctrl+R",90 CouterCW 快捷键为"Ctrl+Shift+R"。

在验证"基尔霍夫电流定律"仿真电路中,为了方便电路的连接,可将 R5 的放置方向改为竖直放置。

编辑 R5 的放置方向。选中 R5,点击鼠标右键弹出如图 1-26 所示的快捷菜单,选择执行命令 90 Clockwise Ctrl+R 或 90 CounterCW Ctrl+Shift+R ,即可将 R5 沿顺时针或逆时针方向旋转 90°(图 1-27);或通过【Edit】编辑菜单的相应命令;或利用快捷键 Ctrl+R 或 Ctrl+Shift+R 均可编辑电阻的放置方向。

(4) 元件的移动。

选中单个或多个需移动的元件,将鼠标左键放在某个被移动元件的符号上,按住左键不放拖动元件到合适位置后,松开鼠标左键即完成对元件的移动操作。

(5) 元件的复制与删除。

选中需编辑元件后,通过【Edit】(编辑菜单)→【Copy】(复制)、【Paste】(粘贴)、【Delete】(删除)即可实现相应复制与删除元件操作;或在电路窗口点击右键弹出的快捷菜单中,选择相应命令;或通过执行相应操作命令的快捷键进行该操作。

12

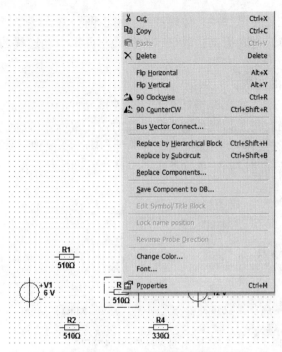

图 1-26　右键快捷菜单编辑电阻放置方向

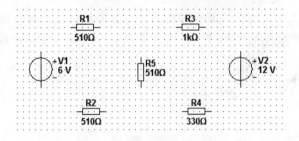

图 1-27　编辑电阻放置方向后

本操作项目编辑元件属性与放置方向后效果如图 1-28 所示。

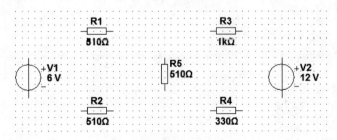

图 1-28　编辑元件后效果图

步骤 5：连接电路。

根据图 1-1 进行电路连接。

Multisim 提供了手工连线与自动连线两种方式。自动连线为 Multisim 系统的缺省设置，系统会自动选择管脚间的最佳路径进行连线，可以避免连线通过元件或连线重叠；

13

手工连线时可以控制连线路径。具体连线时，可以两种方式结合使用。

采用自动连线方式时，无需执行任何命令。下面用自动连线的方式进行本操作项目电路的连接。

(1) 元件与元件的连接。

采用自动连线方式，将光标指针移近所要连接元件的引脚一端，光标指针自动变为一个小黑点，表明捕捉到了该元件的引脚，此时点击鼠标左键确定该连接点，并拖动鼠标使光标指向另一元件引脚，当捕捉到另一元件引脚时会出现一红色小点，如图 1-29 所示，此时再次点击鼠标左键确定该连接点，系统将自动连接这两个元件之间的线路。

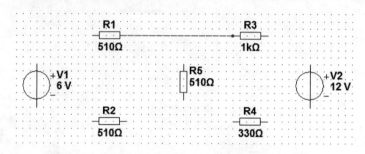

图 1-29 元件的连接过程

(2) 元件与导线的连接。

元件与某一导线连接时，从元件引脚开始，光标指针指向该引脚并点击鼠标左键，拖动鼠标使光标到所要连接的导线上，再次点击鼠标左键，系统将自动完成该段导线连接，并在 "T" 形交叉处自动放置一节点，如图 1-30 所示。

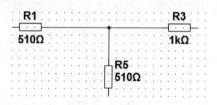

图 1-30 元件与导线的连接

完成连接后的电路如图 1-31 所示。

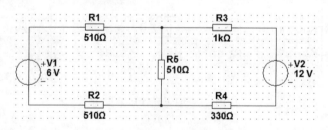

图 1-31 完成连接后的电路

[点拨]

若连接两元件后，导线上面有导线的标记号。可通过下面的方法，将导线标记号隐藏。

14

执行【Options】(选项菜单)→【Sheet Properties】(页面特性)命令，弹出页面属性设置对话框，查看【Circuit】电路选项设置，如图 1-32 所示将"Net Names"设置为"Hide All"，导线标记信号即可隐藏。查看【Workspace】工作空间选项设置，可设置将电路窗口中的 grid(栅格点)隐藏。

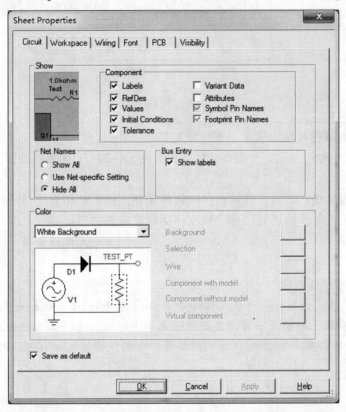

图 1-32　Sheet Properties(页面特性)设置中的【Circuit】选项设置对话框

(3) 导线的删除、移动与修改。

若要删除导线，可先点击鼠标左键，选中需删除的导线，然后点击鼠标右键弹出如图 1-33 所示的菜单，选择 Delete 执行删除导线命令；或直接按键盘上的【Delete】键。

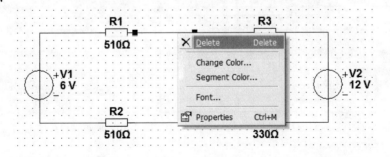

图 1-33　删除导线

如图 1-34 所示，选中需移动的导线，光标放在导线上，当光标变为竖直双箭头时，按住鼠标左键不放，拖动鼠标将导线放置到合适位置后，松开鼠标左键，即完成导线的移动。

15

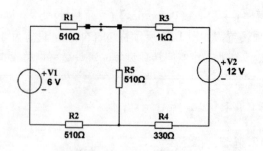

图 1-34 移动导线

在 Multisim 软件环境设置中，系统缺省移动元件时会自动将与元件相连接的导线移动，因此在需要移动导线时，一般直接移动相关的元件即可。如要移动图 1-34 中的导线，也可直接移动 R1 元件。

已经连接的导线，若需修改可直接删除再重新连接，也可直接对导线的连接进行修改。若需修改某段导线的连接，可将光标移动到需修改的连接导线一端，光标变成一斜小十字状时，按住鼠标左键拖住不放，修改其连接到另一元件或仪表一端，即可完成导线的修改连接。

[点拨]

采用手动连线方式时，可以执行【Place】(放置菜单)→【Wire】(导线)命令进行，如图 1-35 所示；或在电路窗口右键弹出的快捷菜单中，执行【Place Schematic】→【Wire】(导线)命令进行，如图 1-36 所示；或利用连线命令的快捷键"Ctrl+Q"，来执行连线命令，在导线需拐弯处，点击鼠标左键。

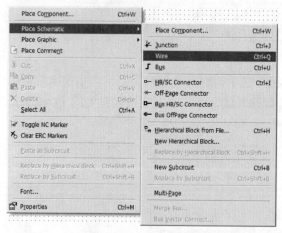

图 1-35 通过右键快捷菜单连接线路　　　　图 1-36 通过【Place】放置菜单连接电路

在元件的连接过程中，十字交叉处系统不会自动放置节点，若实际电路在十字交叉处连接，则需放置节点，可通过执行【Place】(放置菜单)→【Junction】(节点)命令(图 1-37)；或在电路窗口右键弹出的快捷菜单中执行此命令(图 1-38)；或利用快捷键"Ctrl+J"，来放置电路节点。

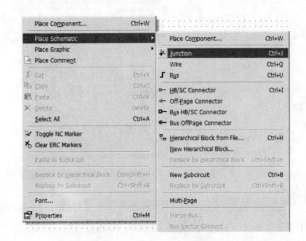

图 1-37　通过菜单命令放置节点　　　　图 1-38　通过右键快捷菜单命令放置节点

步骤6：给电路添加注释。

本例中在验证"基尔霍夫电流定律"时，需标出各条支路电流的参考方向。

(1) 标出各支路电流的方向。

执行【Place】(放置菜单)→【Graphics】(图形)→【Line】(直线)命令画直线(图1-39)；或通过电路窗口右键弹出的快捷菜单执行相应命令(图1-40)；或通过快捷键"Ctrl+Shift+L"执行画直线命令。

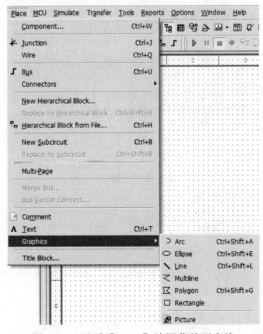

图 1-39　通过【Place】放置菜单画直线

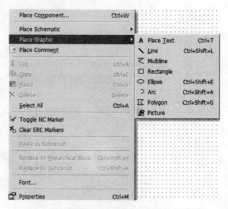

图 1-40 通过右键快捷菜单画直线

然后，执行【Edit】(编辑菜单)→【Graphic Annotation】(图形注释)→【Arrow】(箭头)命令(图 1-41)，根据画直线时的起始点与终止点的方向，可选择"Source"箭头方向指向起始点，选择"Target"箭头方向指向终止点，即可标出电流的参考方向。可按图1-42 所示标出各支路电流的方向。

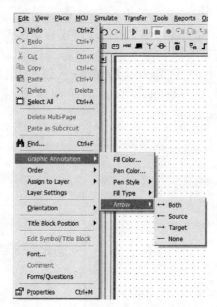

图 1-41 给图形添加注释

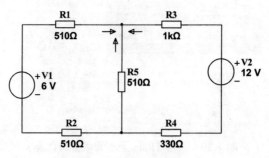

图 1-42 标出各支路电流的方向

18

(2) 给各支路电流命名。

本例中还需添加电流"I1"、"I2"与"I3"及节点"A"的文本注释。执行【Place】(放置菜单)→【Text】(文本)命令；或通过电路窗口右键弹出的快捷菜单执行相应命令；或通过快捷键"Ctrl+T"执行该命令，均可给电路添加文本注释。文本 Font(字体)可选择进行编辑。

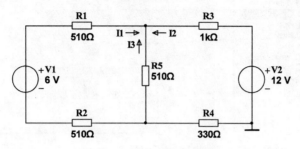

图 1-43　给各支路电流命名

[点拨]

进行电路仿真练习时，也可将此步骤省略。

步骤 7：放置仪表并连接。

完成电路的连接，在进行电路仿真之前，需将测量仪表连接到电路中。

Multisim 中的仪表工具栏默认为显示状态。若该工具栏没有显示，可执行【Tools】(工具菜单)→【Toolbars】→【Instruments】(仪表)命令，即可将 Instruments 仪表工具栏显示出，仪表工具栏如图 1-44 所示。

图 1-44　Instruments 仪表工具栏

Multisim 仪表的介绍见附表 A-3。

在 Multisim 的仪表工具栏中，提供了两种万用表，一种为普通万用表，另一种为安捷伦高性能万用表；另外，在 Indicator(指示器)库中还分别提供了电压表与电流表。本操作项目采用 Indicator(指示器)库中的电流表。

点击元件工具栏中的 🔲 Place Indicator(放置指示器)图标，将弹出选择元件对话框(图1-45)，选择"Family"中的"🔲 AMMETER"电流表，在"Component"元件区可看到四种放置方向的电流表：AMMETER_H 为水平左+右-放置；AMMETER_HR 为水平左-右+放置；AMMETER_V 为竖直上+下-放置；AMMETER_VR 为竖直上-下+放置。可根据电流的参考方向，选择不同放置方向的电流表。本操作项目选择 AMMETER_H、AMMETER_HR 和 AMMETER_VR，分别测量 I_1、I_2 和 I_3。

指示器库中其他元件的介绍见附表 A-4。

放置电流表并打开电流表的 Value(值)选项对话框(图 1-46)，由于本项目中需测量的量为直流电流，因此"Mode"需选择为"DC"直流。系统在放置电流表时，默认的测量量为直流量，可不需作设置。打开电流表的 Display(显示)选项设置对话框，按如图 1-47所示进行设置，可隐藏电流表的内阻值。

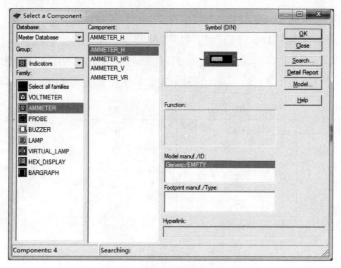

图 1-45　放置电流表对话框

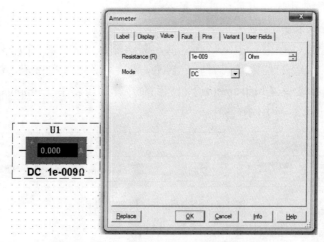

图 1-46　电流表及其属性设置对话框

图 1-47　电流表的 Display(显示)选项设置对话框

20

电流表应串接在各支路中，可先移动电路中的元件(元件的移动方法，可参考步骤 4)，给电流表留出一定的放置空间，然后将电流表直接放置在各条支路中，编辑放置后的电路如图 1-48 所示。

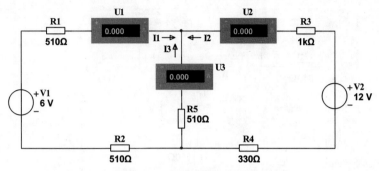

图 1-48 放置电流表后的电路

[点拨]

仪表工具栏中提供的 Multimeter 为普通万用表，可用来测量电压、电流、电阻与 dB 损耗，Multisim 中的万用表能自动调整测量范围，内部电阻接近理想值。

点击仪表工具栏中的 Multimeter(万用表)按钮，放置万用表，打开万用表使用面板设置对话框，选择被测量后，点击【Set】(设置)按钮弹出其内部设置对话框(图 1-49)。万用表的内部参数接近于理想值，在仿真时，万用表的内部参数可不作设置。

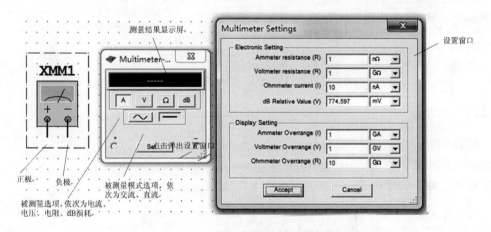

图 1-49 普通万用表及其设置窗口

将万用表添加到电路中时，有时为了连接的方便整洁，可编辑万用表的放置方向，连接时需注意表的正负极。

本操作项目若使用万用表测量支路电流，需将万用表设置为测量直流电流"—A"，将其连接到电路中时，需将之前的连接电路断开再连接，或按修改导线的方法直接进行连接。

放置三个万用表到仿真电路中后，将鼠标移动到电阻 R1 的右侧管脚，鼠标变成一斜小十字状，按住鼠标左键拖住不放，将导线连接到电流表 XMM1 的负极；同理将鼠标移动到电阻 R3 的左侧管脚，鼠标变成一斜小十字状，按住鼠标左键不放，将导线连接到电流表 XMM2 的负极；将鼠标移动到电阻 R5 的上侧管脚，鼠标变成一斜小十字状，按住鼠标左键不放，将导线连接到电流表 XMM3 的负极。完成其他连线，将各个电流表均接入电路，连线后如图 1-50 所示。

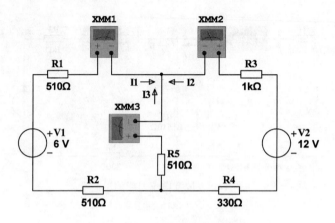

图 1-50　用万用表测量支路电流电路

步骤 8：电路仿真。

将仪表接入电路后，即可进行电路仿真。执行【Simulate】(仿真菜单)→【Run】(运行)命令，或点击 仿真工具按钮(执行【Tools】(工具菜单)→【Toolbars】→【Simulation Switch】(仿真按钮)命令，可显示仿真按钮工具栏)，或如图 1-51 所示点击工具栏中的 Run(运行)按钮，或通过快捷键"F5"，进行仿真。

图 1-51　仿真工具栏

执行此命令后，弹出仿真电路错误提示窗口(图 1-52)，Error：The circuit is not grounded(此电路没有接地)；Simulation requires at least one ground(仿真至少需要一个地)，要求添加"地"到电路中。

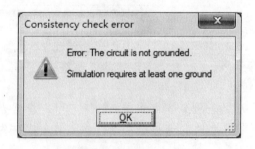

图 1-52　仿真电路错误提示窗口

点击元件工具栏 Place Source(放置信号源)按钮图标，如图 1-53 所示，在弹出的对话框中选择 GROUND(地)，将其放置在电路中并连接，如图 1-54 所示。

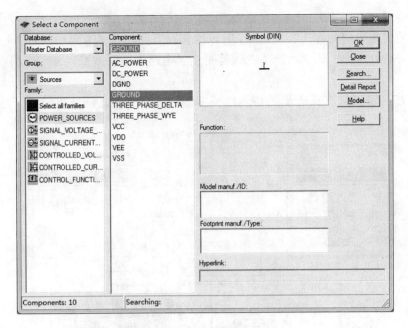

图 1-53　向仿真电路添加"地"

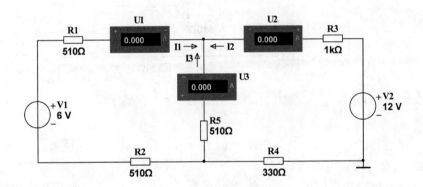

图 1-54　放置"地"后的电路

执行仿真命令，仿真结果如图 1-55 所示。

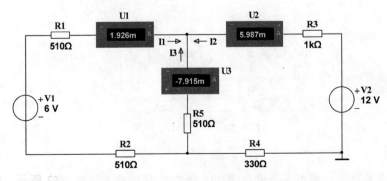

图 1-55　验证"基尔霍夫电流定律"仿真结果

仿真结果为：I_1=1.926mA，I_2=5.987mA，I_3= -7.915mA，由数值的正负号说明，I_1 与 I_2 电流的实际方向与参考方向一致，I_3 电流实际方向与参考方向相反。$I_1+I_2+I_3 \approx 0$ 验证了基尔霍夫电流定律。仿真所产生的误差是由于电路中电阻参数误差与安培表的内阻所造成的。

添加万用表测量支路电流的仿真结果如图 1-56 所示。同样也验证了基尔霍夫电流定律。

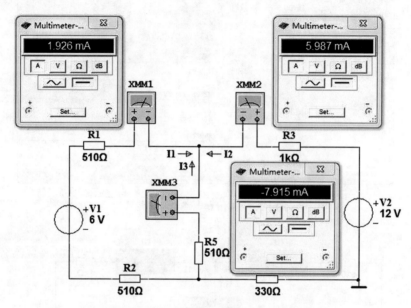

图 1-56 验证"基尔霍夫电流定律"仿真结果

[总结]

(1) 电路仿真的过程为：从元件库中调用所需元件，建立电路模型，向电路中添加所需测量的仪表，进行电路仿真分析。

(2) 建立的电路仿真模型中至少包含一个"地"。

[拓展练习]

1-1 建立如 1-57 图所示的电路，验证基尔霍夫电压定律。

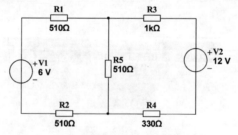

图 1-57 练习 1-1 电路图

[提示]

分别用指示器库中的电压表和仪表工具栏中的万用表进行电路仿真。

图 1-58 为用指示器中的电压表进行仿真后的结果，图 1-59 为用万用表进行仿真后的结果。

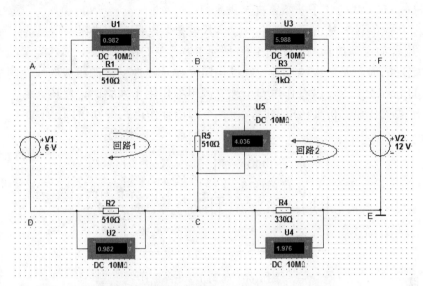

图 1-58　验证"基尔霍夫电压定律"仿真结果

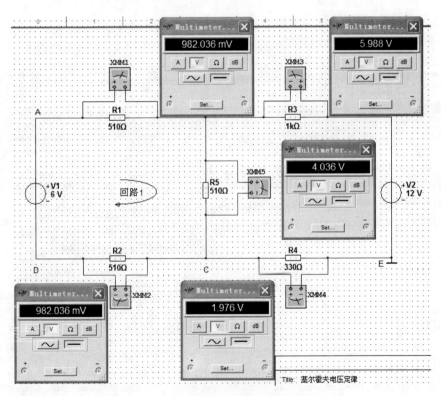

图 1-59　验证"基尔霍夫电压定律"仿真结果

回路 1 仿真结果分析：U_{AB}=982.036mV≈0.982V，U_{BC}=4.036V，U_{CD}=982.036mV≈0.982V，U_{DA}= -6V，U_{AB}+U_{BC}+U_{CD}+U_{DA}≈0 验证了基尔霍夫电压定律。

回路 2 仿真结果分析：U_{FB}=5.988V，U_{BC}=4.036V，U_{CE}=1.976V，U_{EF}=−12V，U_{FB}+U_{BC}+U_{CE}+U_{EF}≈0 验证了基尔霍夫电压定律。

仿真所产生的误差是由于电路中电阻参数误差与电压表的内阻所造成的。

1-2　用叠加定理仿真测量如图 1-60 所示 R2 所在支路的电流。

叠加定理的概念是：由独立源、线性电阻元件及线性受控源组成的线性网络中，每个元件上的电流或电压可以看作每一个独立源单独作用于网络时，在该元件上所产生的电流或电压的代数和。仿真该电路时，让各个源单独作用，分别仿真。

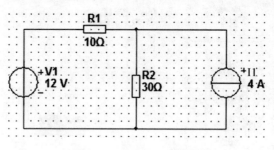

图 1-60　练习 1-2 电路图

[提示]

直流电流源所在库为信号源库中的 SIGNAL_CURRENT_SOURCES 族系列，如图 1-61 所示，可放置直流电流源。

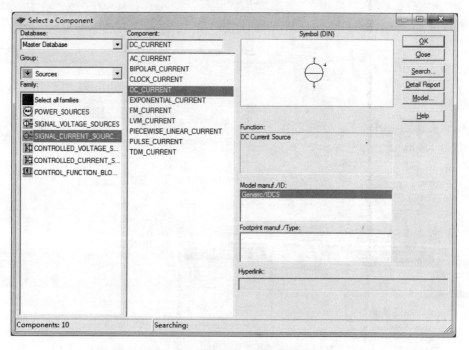

图 1-61　放置直流电流源对话框

12V 电压源单独作用时(修改电流源的值为 0A)，R2 所在支路的电流仿真电路如图 1-62 所示，其大小为 0.300A。

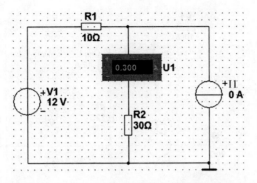

图 1-62　12V 电压源单独作用仿真电路

4A 电流源单独作用时(修改电压源的值为 0V),R2 所在支路的电流仿真电路如图 1-63 所示,其大小为 1.000A。

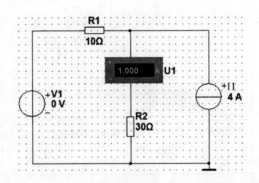

图 1-63　4A 电流源单独作用仿真电路

12V 电压源与 4A 电流源共同作用时,R2 所在支路的电流仿真电路如图 1-64 所示,其大小为 1.300A。

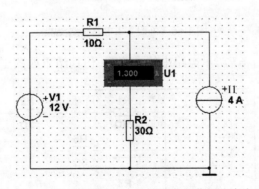

图 1-64　12V 电压源与 4A 电流源共同作用仿真电路

通过仿真分析,验证了叠加定理。

1-3　仿真分析图 1-65 所示电路中的电压 U 值,仿真结果如图 1-66 所示。

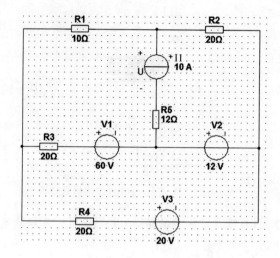

图 1-65　练习 1-3 电路图

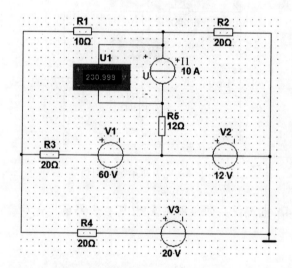

图 1-66　练习 1-3 电路仿真结果

1-4　仿真分析图 1-67 所示电路中的电流 I，仿真结果如图 1-68 所示。

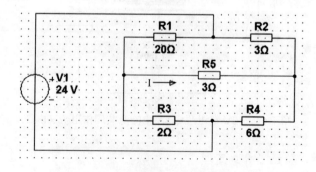

图 1-67　练习 1-4 电路图

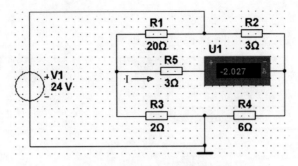

图 1-68　练习 1-4 电路仿真结果

1-5　仿真分析图 1-69 所示电路中的电压 U，其中 V2 为电流控制的电压源，电路仿真图如图 1-70 所示，仿真结果如图 1-71 所示。

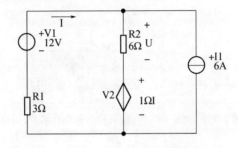

图 1-69　练习 1-5 电路图

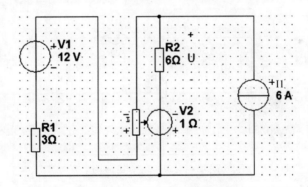

图 1-70　练习 1-5 电路仿真图

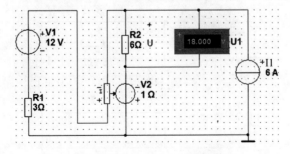

图 1-71　练习 1-5 电路仿真结果

[提示]

按图 1-72 所示放置受控源(电流控制的电压源)。

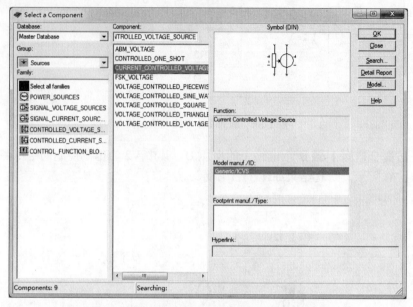

图 1-72   放置受控源(电流控制的电压源)对话框

1-6   仿真分析图 1-73 所示电路中的电流 I，其中 V2 为电压控制的电压源，仿真结果如图 1-74 所示。

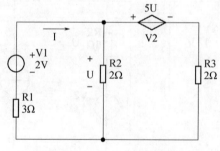

图 1-73   练习 1-6 电路图

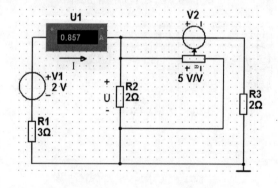

图 1-74   练习 1-6 电路电路仿真结果

[提示]

按图 1-75 所示放置受控源(电压控制的电压源)，按图 1-76 所示设置受控源(电压控制的电压源)的 Voltage Gain(电压增益)值。

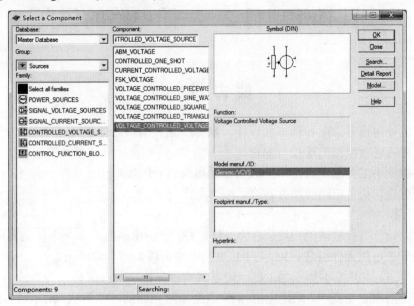

图 1-75   放置受控源(电压控制的电压源)对话框

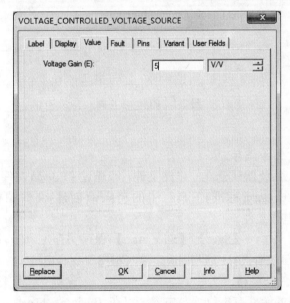

图 1-76   设置受控源(电压控制的电压源)的 Voltage Gain(电压增益)对话框

实践操作项目 2　一阶电路的仿真

能 力 目 标

1. 熟练使用信号源库和基本元件库，熟练放置并编辑元件。
2. 能熟练进行电路的连接与编辑。
3. 熟悉仪表工具栏，会使用示波器测量电路信号的波形。
4. 熟练建立简单电路模型并仿真。

【任务资讯】

用一阶微分方程描述的电路，称为一阶电路，一阶电路通常由一个储能元件(电感或电容)和若干个电阻元件组成。RC 与 RL 串联电路为典型的一阶电路。

项目将进行如图 2-1 所示的 RC 一阶电路响应分析，输入信号 u_i 为方波信号，可通过改变电阻值(电路仿真中，采用电位器)来改变一阶电路的时间常数，用示波器观察一阶电路的输出信号 u_o 的波形。

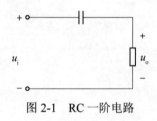

图 2-1　RC 一阶电路

【任务实施】

步骤 1：创建文件并保存。

打开仿真软件，系统默认建立一电路文件，或通过【File】(文件菜单)→【New】(创建)命令；或点击 Standard(标准)工具栏中的 New(创建)文件图标；或利用快捷键"Ctrl+N"，创建一电路文件。

执行【File】(文件菜单)→【Save】/【Save As...】(保存/另存为...)命令；或点击 Standard 标准工具栏中 Save(保存)文件图标；或利用快捷键"Ctrl+S"，保存电路文件"RC 一阶电路仿真"。

步骤 2：放置元件并编辑。

本操作项目所用的元件有电位器与电容，可在 Basic 基本元件库中调用；所用的方波信号可在信号源库中调用。

(1) 放置电位器与电容。

点击元件工具栏中的 Place Basic(放置基本元件)按钮图标，如图2-2所示选择 POTENTIOMETER 电位器系列后，选择放置1kΩ电位器。图2-3所示为放置的电位器，其中50%指电位器可变端与下引脚间(默认放置位置)的电阻值占总值的百分比，Key=A

是指字母"A"为改变电位器值的快捷键,按键盘上的"A"一次,可发现电位器的值以5%(默认值)往上增加一次。选中电位器双击打开其属性设置对话框 Value 选项,如图2-4所示,可设置 Resistance 电阻值、Key 快捷键、Increment 增长值。

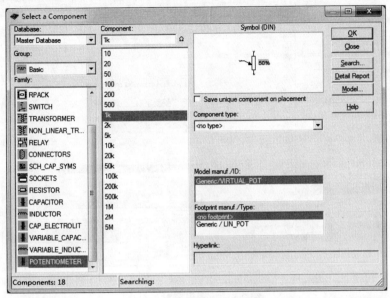

图 2-2　放置电位器对话框

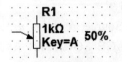

图 2-3　放置好的电位器

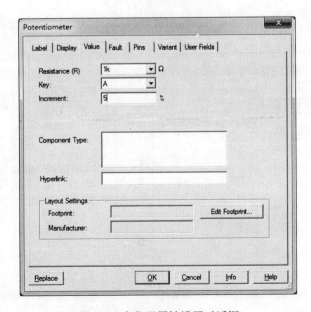

图 2-4　电位器属性设置对话框

点击元件工具栏中的 ⚡ Place Basic(放置基本元件)按钮图标，如图 2-5 所示选择 CAPACITOR 电容系列后，选择放置 100nF 的电容。

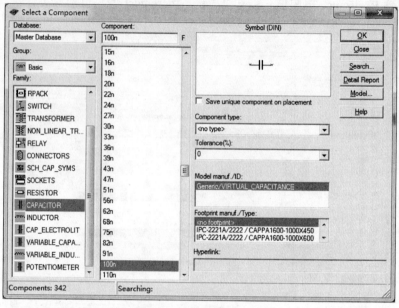

图 2-5　放置电容对话框

(2) 放置输入信号，并进行属性设置。

点击元件工具栏中的 ╪ Place Source(放置信号源)按钮图标，将弹出放置元件对话框，如图 2-6 所示选择 SIGNAL_VOLTAGE_SOURCES 系列中的 PULSE_VOLTAGE 脉冲电压源，将其放置到电路窗口。

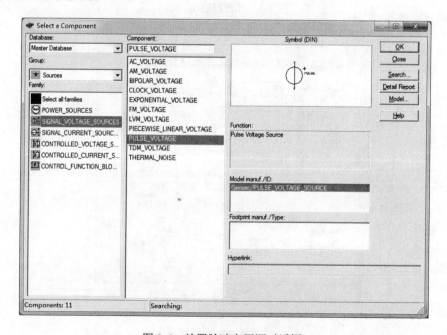

图 2-6　放置脉冲电压源对话框

打开脉冲电压源的属性对话框，按图 2-7 所示进行设置，其中 Initial Value 初始值为 0V，Pulsed Value 脉冲值为 5V，PulseWidth 脉冲宽度为 0.5ms，Period 周期为 1ms。

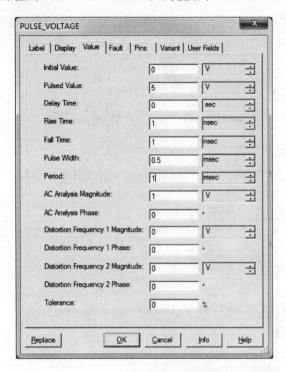

图 2-7　设置脉冲信号源属性

步骤 3：连接电路。

按如图 2-8 所示进行电路连接。

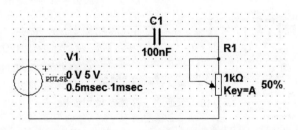

图 2-8　RC 一阶电路仿真电路

步骤 4：放置仪表并连接。

点击仪表工具栏中的 Oscilloscope(双通道示波器)按钮，向电路中添加一双通道示波器，按图 2-9 所示将其连接到电路中。

[点拨]

Multisim 中提供了双通道示波器、四通道示波器、安捷伦示波器及泰克示波器四种示波器。

双通道示波器及使用面板如图 2-10 所示，它有 6 个端子，分别为 A 通道的正负端，B 通道的正负端与外触发的正负端。

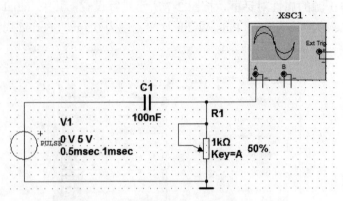

图 2-9　添加示波器后的 RC 一阶电路仿真电路

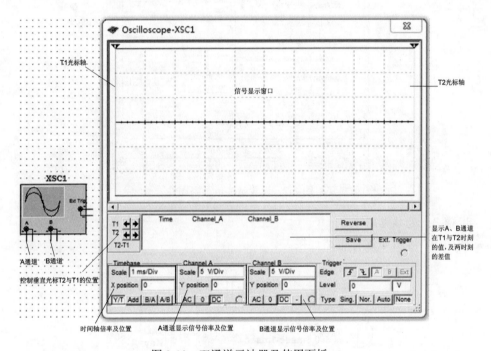

图 2-10　双通道示波器及使用面板

A、B 通道的正端与待测点连接时，测量的是该点与地之间的波形；若需测量元件两端的信号波形，只需将 A 或 B 通道的正负端分别与元件的两端相连即可。

时间轴倍率下方的 Y/T 按钮，代表 Y 轴方向显示 A、B 通道的输入信号，X 轴方向是时间基线，并按时间进行扫描，当要显示随时间变化的信号波形时，采用此方式；B/A 按钮，代表 A 通道信号作为 X 轴扫描信号，将 B 通道信号施加在 Y 轴上；A/B 按钮，代表 B 通道信号作为 X 轴扫描信号，将 A 通道信号施加在 Y 轴上；Add 按钮，代表 X 轴按时间进行扫描，Y 轴方向显示 A、B 通道信号之和。

在 A、B 通道显示信号倍率及位置区中，Y position 是指时间基线在显示屏中的位置，大于 0 时，时间基线在屏幕中线的上侧，小于 0 时，在屏幕中线的下侧；AC 代表屏幕仅显示输入信号中的交变分量，相当于电路中加入了隔直流电容；DC 代表将信号的交直流分量全部显示；0 代表输入信号对地短路。

Trigger 触发区中 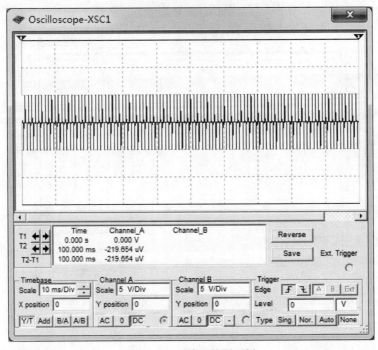 代表将输入信号的上升沿或下降沿作为触发信号；代表用 A 或 B 通道的输入信号作为触发信号；代表用触发端子 T 作为触发信号。Level 为设置触发电平的大小。触发模式分为 Sing(单脉冲触发)，Nor(一般脉冲触发)，Auto(外部信号触发)。

测试完信号后，可通过调整时间轴倍率、两通道的倍率及位置，将信号清楚地显示出；通过调整垂直光标(默认位置在示波器显示面板的左右两端)可读出信号幅值、频率及相关值。

步骤 5：电路仿真。

执行【Simulate】(仿真菜单)→【Run】(运行)命令，或点击 仿真工具按钮，或点击工具栏中的 ▷ Run(运行)按钮，或按快捷键"F5"进行仿真。仿真进行一段时间后，点击工具栏中的 ■ Stop(停止)仿真。

双击打开如图 2-11 所示的示波器使用面板。可看到测试的输出波形密集，不能清楚地看出输出波形的形状，也不能清楚地读出输出波形的值。

图 2-11 示波器使用面板

仿真所用示波器与实际的示波器用法基本相同。项目选用的是示波器的 A 通道，可按图 2-12 所示设置 Timebase 水平方向时间倍率为 500 µs/Div，通道 A 的倍率为 2V/Div。可读出输出信号的频率为 1kHz。

在实际使用中可根据实际情况，一边观察显示信号波形一边调整倍率。

图 2-12 的仿真结果是电路电阻值为 500 Ω 时的输出波形，调节电位器改变电路的时间常数，观察电路的输出波形，图 2-13 所示为 RC(R=100 Ω，调节电位器值为 10%)仿真输出的波形。

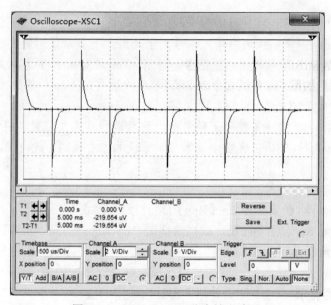

图 2-12　RC(R=500 Ω)仿真输出波形

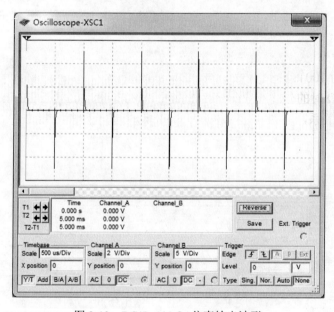

图 2-13　RC(R=100 Ω)仿真输出波形

　　本操作项目仿真的电路为 RC 微分电路,它可把矩形波转换为尖脉冲波,此电路的输出波形只反映输入波形的突变部分,即只有输入波形发生突变的瞬间才有输出。而对恒定部分则没有输出。输出的尖脉冲波形的宽度与 $R \times C$ 有关(即电路的时间常数 $\tau = RC$),$R \times C$ 越小,尖脉冲波形越尖,反之则宽。一般要求电路的时间常数小于或等于输入波形宽度的 1/10。

[总结]

　　(1) 示波器可用来观察电路的波形,正确使用示波器,需注意合理设置时间轴倍率与各通道倍率,以便清楚显示测量波形,合理控制时间轴光标可方便地测量出信号的相关参数。在项目中，也可将脉冲信号接到示波器，在示波器上同时观察输入信号与输出信号波形。

(2) 当示波器输出的两条波形颜色相同时，不能区分是哪个通道的，可进行以下设置：如修改 B 通道波形的颜色，右键单击连接 B 通道的导线，出现如图 2-14 所示选项。选择"Segment Color…"，出现"Color"对话框，将颜色改为和 A 通道不一样的颜色即可。

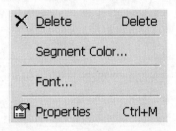

图 2-14　修改波形颜色

(3) 示波器的显示器背景色默认为黑色，可通过单击示波器显示面板上的"Reverse"，将其改为白色。

[拓展练习]

2-1　仿真分析 RC 一阶电路。

图 2-15 所示为 RC 一阶电路，输入信号 u_i 为方波信号(幅值 5V，占空比 50%，频率 1kHz)，电阻采用 100 kΩ 的电位器，电容为 100nF。图 2-16 为仿真电路图，图 2-17 为电位器阻值为 50 kΩ 时的仿真结果(观察信号稳定后的波形)。由仿真结果可知：输出信号与输入信号为积分关系，该电路可将方波信号变换为三角波信号。

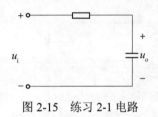

图 2-15　练习 2-1 电路

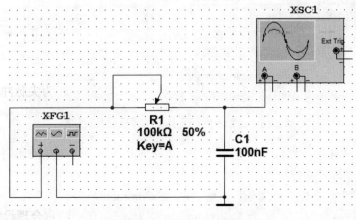

图 2-16　练习 2-1 仿真电路

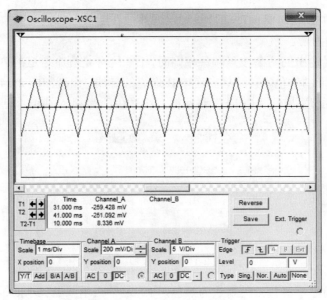

图 2-17　练习 2-1 仿真结果

[提示]

　　点击仪表工具栏中的 Function Generator(函数发生器)按钮，将其放置到电路窗口，选中并双击弹出其使用面板，如图 2-18(a)所示为产生方波的使用面板设置对话框，按如图 2-18(b)所示进行方波的设置：Frequency(频率)为 1kHz；Duty Cycle(占空比)为 50%；Amplitude(幅值)为 5V；Offset(偏置值)为 0V；Set Rise/Fall Time 为设置信号上升和下降时间，采用默认设置即可。

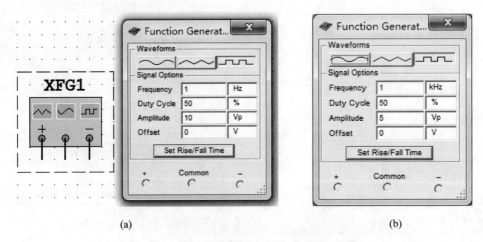

(a)　　　　　　　　　　　　　　　　　　　　　(b)

图 2-18　函数发生器及其使用面板设置对话框

　　可以看出函数发生器除了产生方波信号，还可以产生正弦波和三角波信号，电压波形的频率与幅值均可进行设置。

　　函数发生器有三个连接端子，连接"+"与 Common 端时，输出信号为正极性信号，幅值等于信号的有效值；连接"–"与 Common 端时，输出信号为负极性信号；连接"+"与"–"端时，输出信号的幅值为信号发生器有效值的两倍；同时连接"+"、Common、

"–"端，且将 Common 端接地时，输出的两个信号幅值相等，极性相反。

2-2　仿真分析 RL 一阶电路。

图 2-19 所示为 RL 一阶电路，输入信号 u_i 为脉冲电压源(其中 Initial Value(初始值)为 0V，Pulsed Value(脉冲值)为 5V，PulseWidth(脉冲宽度)为 0.5ms，Period(周期)为 1ms)，电阻采用 10 kΩ 的电位器，电感为 100mH。图 2-20 为仿真电路图，图 2-21 为电位器阻值为 5 kΩ 时的仿真结果。由仿真结果可知：输出信号与输入信号为微分关系。

图 2-19　练习 2-2 电路

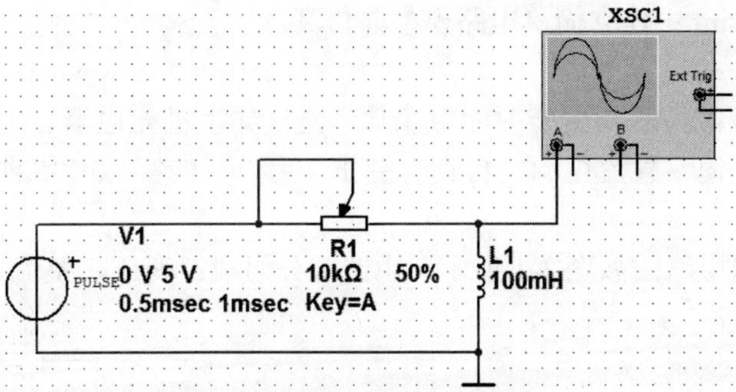

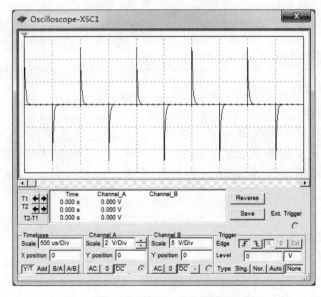

图 2-20　练习 2-2 仿真电路

图 2-21　练习 2-2 仿真结果

[提示]

电感(Inductor)元件所在的库为基本元件库。

实践操作项目3　简易电源电路的仿真

能 力 目 标

1. 熟悉二极管库、信号源库和基本元件库。
2. 熟悉交流信号电压源，会放置并编辑元件。
3. 了解仪表工具栏，会使用示波器。
4. 会在 Multisim 中建立简单电路模型并仿真。

【任务资讯】

直流电源在日常生活和生产中应用非常广泛，如手机充电器、电脑主机电源、PLC 控制电源等。掌握简易直流电源的仿真与制作，为以后的实际产品的设计与生产打下良好基础。

简易直流电源电路图如图 3-1 所示，由四部分组成：变压、整流、滤波、稳压。

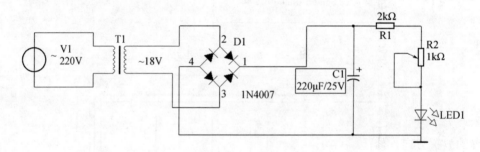

图 3-1　简易直流电源

该电路中，需要用到交流信号电压源、变压器、桥式整流器(俗称硅桥)、电解电容、电阻、发光二极管等器件。电阻、电解电容、变压器在 Basic(基本元件)库中，交流信号电压源在 Source(信号源)库中，硅桥与发光二极管在 Diode(二极管)库中。

【任务实施】

步骤1：创建文件并保存。

步骤2：放置元件并编辑。

(1) 放置固定电阻元件 R1(参考实践操作项目 1)
(2) 放置可变电阻 R2(参考实践操作项目 2)。
(3) 放置电解电容 C1。

点击元件工具栏中的 Place Basic(放置基本元件)按钮图标，如图 3-2 所示选择 CAP_ELECTROLIT 电容系列后，选择放置 220 μF 的电解电容。

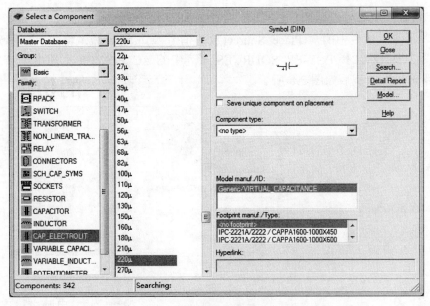

图 3-2　放置电解电容对话框

将其放置到电路窗口。放置后的电解电容如图 3-3 所示。

C1

220μF

图 3-3　放置后的电解电容

元器件库里的元件都是理想器件，不带有耐压值，因此，通过修改【Label】选项来添加耐压值。打开电解电容属性对话框，单击【Display】显示选项，做如图 3-4 所示的显示设置。然后单击【Label】选项，如图 3-5 所示在 Label 中填写 "220 μF /25V"。编辑电容的放置方向，修改(旋转)后的电容如图 3-6 所示。

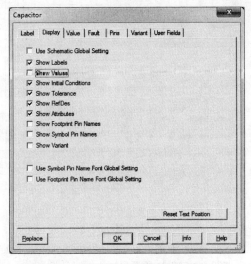

图 3-4　电容属性显示设置对话框　　　　图 3-5　参数值修改对话框

(4) 放置交流信号电压源。

点击元件工具栏中的 ✛ Place Source(放置信号源)按钮图标，将弹出放置元件对话框，如图 3-7 所示选择 POWER_SOURCES 系列中的 AC_POWER 交流电压源，将其放置到电路窗口，放置后如图 3-8 所示。

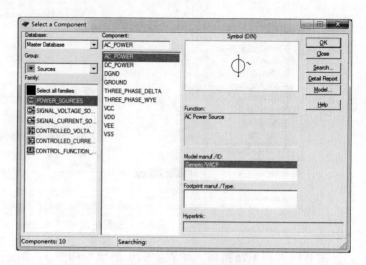

+ ⊥ C1 ⊤ 220μF	

图 3-6 旋转后的电解电容

图 3-7 交流电压源放置对话框

双击打开交流电压源属性设置对话框，按如图 3-9 所示，将电压值"Vatage(RMS)"有效值设置为 220V，频率"Frequency(F)"设置为 50Hz。设置属性后的交流电压源如图 3-10 所示。

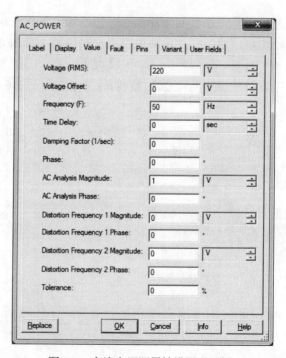

V1

120V

~ 60Hz

0°

图 3-8 放置后的电压源

图 3-9 交流电压源属性设置对话框

V1
220V
~ 50Hz
0°

图 3-10　设置后的交流电压源

(5) 放置变压器。

点击元件工具栏中的 ⚙Place Basic(放置基本元件)按钮图标，将弹出放置元件对话框，如图 3-11 所示选择 TRANSFORMER 系列中的 TS_IDEAL 变压器，放置理想变压器，放置后的变压器如图 3-12 所示。

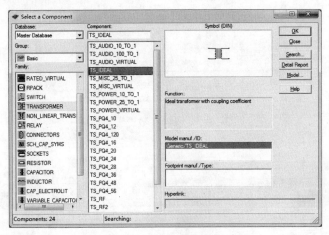

图 3-11　放置理想变压器对话框

图 3-12　放置后的变压器

在变压器元件中，还有其他类型的变压器，如"TS_AUDIO_10_TO_1"型变压器，这种变压器是固定变比的变压器，即 10:1 变压器。在实验中，一般选择可以改变变比的变压器，因此选择理想变压器，通过修改参数进行变比的设定。在本操作项目中，变压器一次绕组电压为 220V(有效值)，二次绕组电压为 18V(有效值)，因此变比的倒数应该是 18/220=0.081818。

双击打开变压器属性设置对话框，单击打开【Value】选项，按图 3-13 所示设置变压器属性，其中 Primary coil Inductance 为一次绕组电感，Secondary coil Inductance 为二次绕组电感，Coefficient of Coupling 为耦合系数，一次绕组与二次绕组采用默认值，将耦合系数改为"0.081818"。

添加两块万用表，进行数据测试，按照图 3-14 所示连接好电路并进行仿真，由仿真可知，设置好的变压器能将 220V 电压降为 18V。按此方法可设置任何变比的变压器。

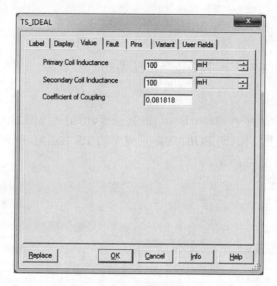

图 3-13　变压器参数设置对话框

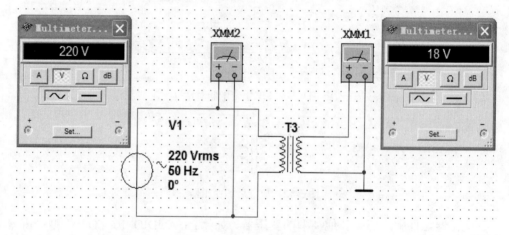

图 3-14　变压器仿真输出测试

(6) 放置桥式整流器。

桥式整流器所在的库为"Diode ⼘"二极管库。点击元件工具栏中的 ⼘ Place Diode(放置二极管)按钮图标,将弹出选择元件对话框,二极管库所包含的系列见附表 A-5。

电路中的整流器可以用 4 个二极管搭建,如用 4 个 1N4007;也可以用集成整流器,如用 3N247 代替。

如图 3-15 所示选择 ❂ FWB 系列的"3N247"集成整流器,点击该对话框右边的 【Detail Report】(详细报告)按钮,弹出如图 3-16 所示 3N247 参数窗口,可知 3N247 整流器的最大反向耐压值为 100V,满足设计要求。选择 3N247 后,点击【OK】按钮,放置整流器如图 3-17 所示。

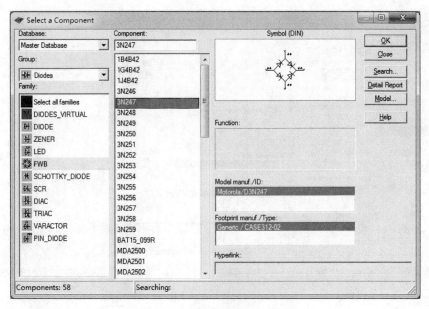

图 3-15   放置整流器对话框

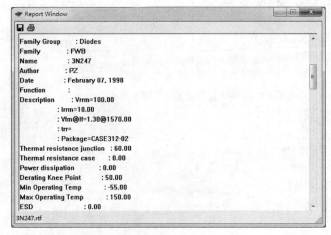

图 3-16   3N247 参数窗口

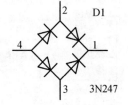

图 3-17   放置后的 3N247

(7) 放置发光二极管。

如图 3-18 所示选择放置发光二极管，放置后的发光二极管如图 3-19 所示。

(8) 放置接地符号(参考实践操作项目 1)。

步骤 3：连接电路。

完成连接后的电路图如图 3-20 所示。该软件在进行自动连线时，T 形交叉处会自动放置节点。

　步骤 4：放置仪表并连接。

　如图 3-21 所示在电路中串联安培表进行电流测量分析。

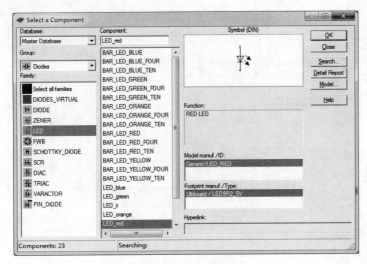

图 3-18　放置发光二极管对话框

图 3-19　放置后的发光二极管

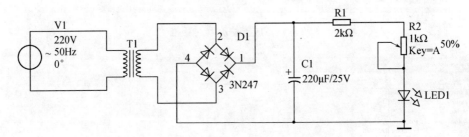

图 3-20　完成连接后的简易直流电源电路图

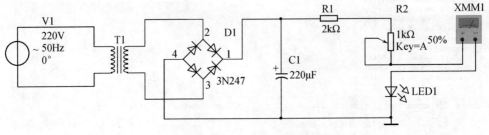

图 3-21　放置电流表并连接

步骤 5：电路仿真。

按下仿真工具按钮，开始仿真。可看到发光二极管发出红色的光。

如图 3-22 所示为 1kΩ 电位器 50%时，测得通过发光二极管的电流为 9.766mA(稳定之后的电流值)，在发光二极管正常工作电流范围内。改变可变电阻阻值，可改变发光二极管的亮度。在允许的电流范围内，电流越大，亮度越大。

[总结]

(1) 在仿真直流稳压电源的电路图中，要注意选择的元件应满足设计要求，如变压器及整流器的选择。

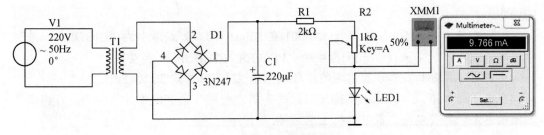

图 3-22　电路仿真分析

(2) 必须放置接地符号，否则仿真时会出现错误提示窗口，无法正常进行仿真。

(3) 仿真过程中，要注意合理利用仪器仪表进行电路的测量分析，并与理论分析相对应，这样仿真的电路图才能在实际应用中得到正确的结果。

[拓展练习]

3-1　创建如图 3-23 所示的二极管限幅电路并仿真分析。函数信号发生器设置如图 3-24 所示。二极管限幅电路仿真结果如图 3-25 所示。

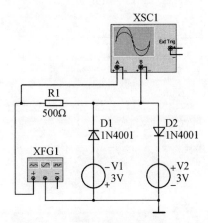

图 3-23　二极管限幅仿真电路

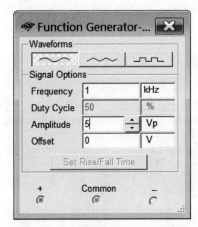

图 3-24　函数信号发生器设置面板

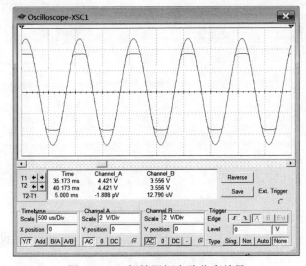

图 3-25　二极管限幅电路仿真结果

[提示]

    电阻在基本元件库中；二极管 1N4001 在 Diode ⊁(二极管)库中的 "DIODE" 族系列中；电压源在 ⊤ Source(信号源)库中的 "POWER_SOURCES" 族系列中。

    由仿真结果分析可知：输出端的信号被限制在了-3.6V 到 3.6V 之间。

    在电子技术中，二极管电路得到广泛的应用，利用二极管的单向导电性，可构成各种限幅电路、开关电路、低电压稳压电路等。

实践操作项目 4　触摸延时开关电路的仿真

能 力 目 标

1. 熟悉三极管库、信号源库和基本元件库。
2. 熟悉放置并编辑元件。
3. 会在 Multisim 中建立电路模型并仿真。

【任务资讯】

　　为了节约电能，使用方便，现在的日常生产和生活中，常采用"触摸延时开关"。触摸延时开关是一种内无接触点、利用人体感应电流控制受控电器开启的开关。常用在各类住宅、宾馆、走廊、楼梯口、地下室等照明控制。其使用方法是：用手触摸延时开关后，照明灯点亮，人手脱离开关后，照明灯持续一段时间后会自动熄灭。

　　本仿真即为触摸延时开关电路，其电路如图 4-1 所示。利用电容的充放电原理，当人手触摸金属感应片时，有微弱的电流流过金属片，Q1 与 Q2 导通，对电容 C1 充电，Q3 导通，发光二极管 LED1 点亮，当人手离开后，停止对电容充电，电容开始放电维持二极管发光，延时约 10s 后 Q3 截止，发光二极管熄灭。

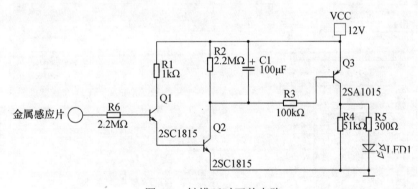

图 4-1　触摸延时开关电路

　　本电路中的 Q1 与 Q2 为 2SC1815 小功率三级管，Q3 为 2SA1015，在实际应用电路中也可用 9013 代替 2SC1815，用 9012 代替 2SA1015。延时时间的调节可通过改变 C1 或 R3 的值实现。

　　本例仿真不需任何仪表，通过观察二极管的点亮与熄灭，来分析电路的工作状态。

【任务实施】

　　为了验证此设计电路，在 Multisim 中将金属感应片用一交流信号源代替，同时添加一手动开关，如图 4-2 所示。

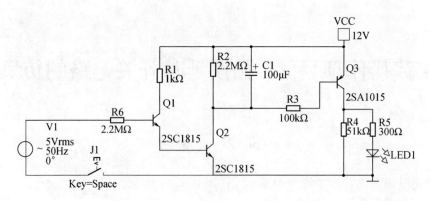

图 4-2　触摸延时开关仿真电路

下面对如图 4-2 所示的触摸延时开关电路进行仿真，其具体步骤如下：

步骤 1：创建文件并保存。

步骤 2：放置元件并编辑。

(1) 放置固定电阻元件 R1～R6(参考实践操作项目 1)。

(2) 放置电容 C1(参考实践操作项目 2)。

(3) 放置红色发光二极管(参考实践操作项目 3)。

(4) 放置三极管。

三极管所在的库为 ⚡(Transistor)晶体管库，点击元件工具栏中的 ⚡Place Transistor(放置三极管)按钮图标，将弹出放置晶体管对话框，该库所包含的系列见附表 A-6。

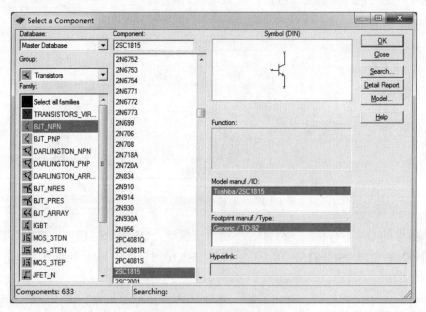

图 4-3　放置晶体管对话框

按图 4-3 所示选择"BJT_NPN"系列中的"2SC1815"，单击【OK】按钮，放置 NPN 型三极管。放置后的三极管如图 4-4 所示，本操作项目需放置两个 NPN 型三极管。

2SC1815

图 4-4　放置后的 NPN 型三极管

按图 4-5 所示选择 "BJT_NPN" 系列中的 "2SA1015"，单击【OK】按钮，放置 PNP 型三极管。放置后的三极管如图 4-6 所示。

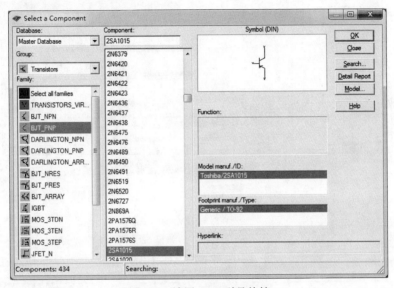

图 4-5　放置 PNP 型晶体管

放置后的 NPN 型三极管与图 4-2 中三极管发射极所在位置不同，需要进行设置。参考实践操作项目 1 步骤 4 中的编辑元件，进行元件的水平翻转与垂直翻转。水平翻转后的三极管如图 4-7 所示，垂直翻转后的三极管如图 4-8 所示。

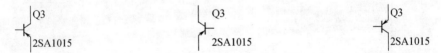

图 4-6　放置后的 PNP 三极管　　　图 4-7　水平翻转后的三极管　　　图 4-8　垂直翻转后的三极管

(5) 放置交流信号源及电源。

点击元件工具栏中的 ✚ Place Source(放置信号源)按钮图标，将弹出放置元件对话框，如图 4-9 所示选择 "POWER_SOURCES" 系列中的 "AC_POWER"，单击【OK】按钮，放置交流信号电压源，将参数设置为 5V、50Hz。

选择 "POWER_SOURCES" 系列中的 "VCC"，添加 12V 直流电源，放置后的电源如图 4-10 所示。

(6) 放置手动开关。

点击元件工具栏中的 ⌇ Place Basic(放置基本元件)按钮图标，如图 4-11 所示选择 "SWITCH" 系列中的 "SPST"，放置手动开关。

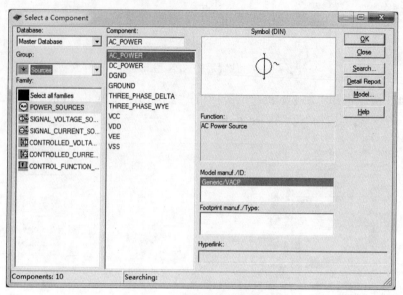

图 4-9　放置电源对话框

VCC

12V

图 4-10　放置后的直流电源

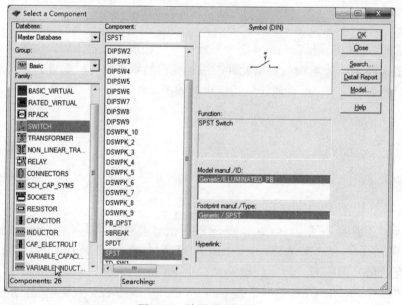

图 4-11　放置手动开关

双击手动开关，打开属性对话框如图 4-12 所示，选择"Space"空格键实现开关的开合，或者选择设置按下其他字母实现开关的开合。

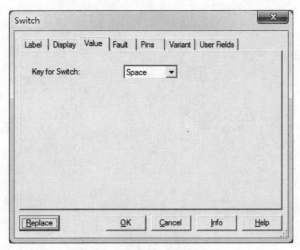

图 4-12 设置开关的动作方式

步骤 3：连接电路。

按图 4-2 顺序摆放好元件后，将各个元件进行连接。

步骤 4：放置仪表并连接。

本操作项目不需放置仪表。

步骤 5：电路仿真。

按下仿真工具按钮，开始仿真。本例是以手动开关来代替人手对金属感应片的触摸，开关 J1 的状态可通过按空格键改变，或用鼠标左键直接点击开关。仿真开始后，使 J1 处于闭合状态，可看到发光二极管很快被点亮(图 4-13 中 LED1 的箭头被填充为实箭头表示 LED1 点亮)，然后使 J1 处于断开状态，此时发光二极管仍然处于点亮状态，观察二极管的状态变化，同时注意仿真时间，如图 4-14 所示仿真进行到 10s 左右时发光二极管熄灭(图 4-14 中 LED1 的箭头变为空心箭头表示 LED1 熄灭)。

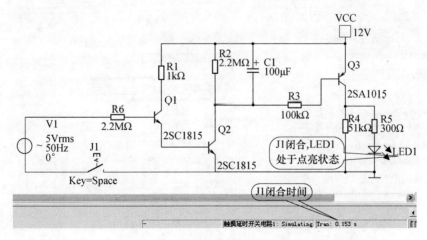

图 4-13 闭合 J1 后二极管点亮

分析触摸延时开关电路的延时时间约为 10s。改变 C1 或 R3 的值进行仿真分析，会发现延时时间将发生变化。

55

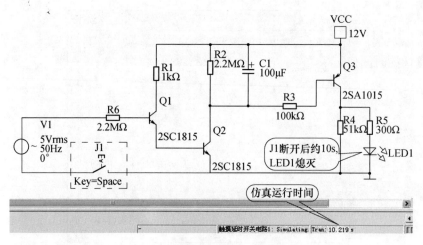

图 4-14 断开 J1 后约 10s 二极管熄灭

[总结]

(1) 在仿真触摸延时开关电路的过程中,常犯的错误是没有正确区分 NPN 三极管的三个电极,将发射极 E 接在了负载端,而没有接在电源端,以致二极管不能正常发光。

(2) 电路仿真过程中,如果元件库里没有所需的元件,可以用特性相同的其他元件模型来代替,如在本例中,用交流信号电压源来代替人体电压实现触发电路功能。

(3) 当电路的时间常数较大时,需要等待非常漫长的时间之后,才能得到想要的仿真结果,如何缩短仿真时间呢?单击 simulate(仿真)菜单,弹出如图 4-15 所示,选择" Interactive Simulation Settings...(交互式仿真设置)",弹出时间参数设定对话框,如图 4-16 所示。

图 4-15 simulate(仿真)菜单

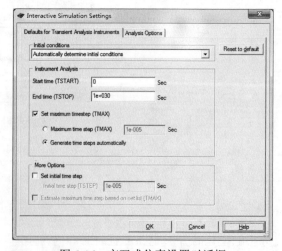

图 4-16 交互式仿真设置对话框

Multisim 默认的仿真时间步长为 1e-005s=10 μs，通过修改"Maximum time step(TMXA)最大时间步长"和"Initial time step(TSTEP)设置初始时间步长"，来改变仿真的时间。具体的时间值可根据实际电路参数进行修改和设定。

[拓展练习]

4-1 晶体管单管放大电路仿真分析。

在电子技术中，三极管放大电路得到了广泛的应用。由于电子器件性能的分散性比较大，因此在设计和制作晶体管放大电路时，离不开测量和调试技术。在设计前应测量所用元器件的参数，为电路设计提供必要的依据，在完成设计和装配以后，还必须测量和调试放大器的静态工作点和各项性能指标。一个优质放大器，必定是理论设计与实验调整相结合的产物。因此，除了掌握放大器的理论知识和设计方法外，还必须掌握必要的测量和调试技术。

图 4-17 为电阻分压式工作点稳定的单管放大器电路图。它的偏置电路采用 RB1 和 RB2 组成的分压电路，并在发射极中接有电阻 RE，以稳定放大器的静态工作点。当在放大器的输入端加入输入信号 u_i 后，在放大器的输出端便可得到一个与 u_i 相位相反，幅值被放大了的输出信号 u_o，从而实现了电压放大。

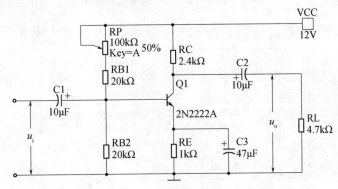

图 4-17 电阻分压式工作点稳定晶体单管放大电路

为了对电路进行分析，需连接仪表函数信号发生器、示波器和波特图示仪，连接好的电路如图 4-18 所示。

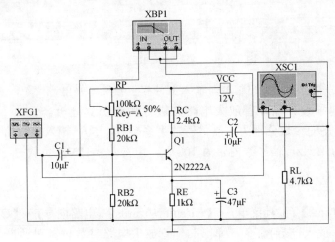

图 4-18 仪表分析单管放大电路

[提示]

2N222A 在 ∗ transistor(三极管库)中的"BJT_NPN"族系列中；电阻以及电解电容在基本元件库中，直流电源在信号源库中。函数信号发生器的设置面板如图 4-19 所示，其输出信号为正弦波，Frequency 频率为 1kHz，Amplitude 幅值为 5mV，Offset 偏置为 0V。仿真结果如图 4-20 所示。

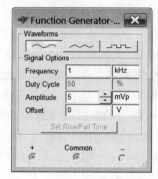

图 4-19　函数信号发生器设置面板

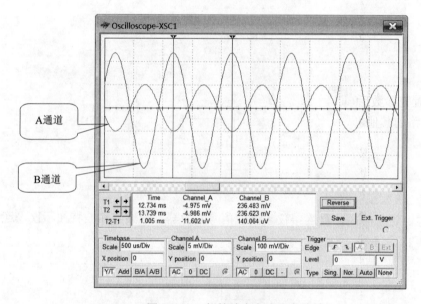

图 4-20　三极管放大电路仿真结果

由仿真结果分析可知：输出信号与输入信号相位相反，幅值增大了，实现了电压放大。

4-2　利用向导设计晶体管放大电路并进行测试仿真分析。

已知放大电路的参数分别为：晶体管放大系数 h_{fe}=50；输入交流信号源的峰值电压为 5mV，频率为 1kHz，信号源内阻为 100 Ω；电源 V_{cc}=12V，负载 R_l=4 kΩ；静态工作点的 I_c=1.5mA。

操作步骤如下：

(1) 执行【Tools】(工具菜单)→【Circuit Wizards】(电路向导)→【CE BJT Amplifier Wizard】(晶体管放大向导)命令，弹出晶体管放大电路参数设置对话框，根据已知按图 4-21 进行参数设置。

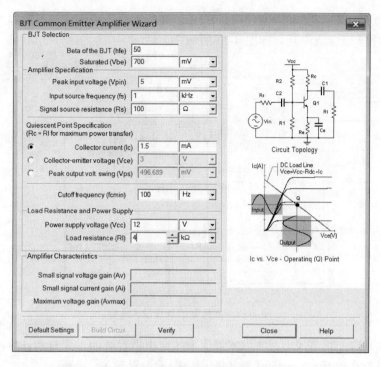

图 4-21   晶体管放大电路设置对话框

(2) 设置完参数后点击【Verify】(修正)按钮，如图 4-22 所示，系统会自动计算出晶体管放大电路的其他参数，如电压放大倍数等。

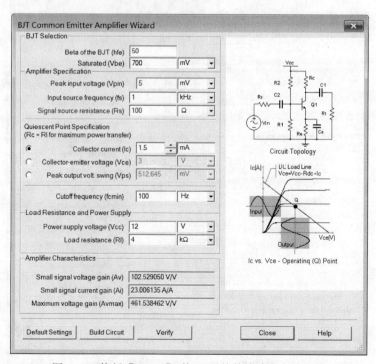

图 4-22   执行【Verify】(修正)后的单管放大电路参数

(3) 点击【Build Circuit】(创建电路)按钮，光标上会附着创建好的电路，移动光标将其放置到电路窗口合适位置，如图 4-23 所示。

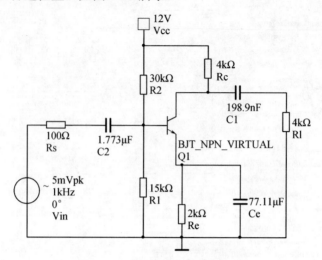

图 4-23　创建完的单管放大电路

电路中的 R1、R2 及 C1、C2、Ce 的值系统会根据参数的设置自动计算出，其中 C1、C2、Ce 的值与 Cutoff frequency(f_{cmin})(截止频率)的设置有关。

参数设置过程中，静态工作点 I_c 的设置较为关键，设置得过大则三级管工作在饱和区会引起饱和失真，设置得过小则三极管工作在截止区会引起截止失真，若将 I_c 设置为 2mA，如图 4-24 所示则会提示放大电路进入饱和区，同时无电压电流增益。

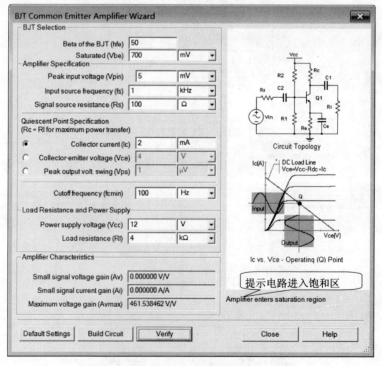

图 4-24　I_c=2mA 时的单管放大电路参数

(4) 向电路添加双通道示波器，如图 4-25 所示。

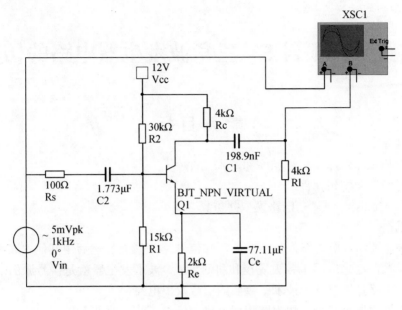

图 4-25　晶体管放大电路仿真模型

仿真结果如图 4-26 所示，其放大倍数基本与设置电压放大倍数一致。

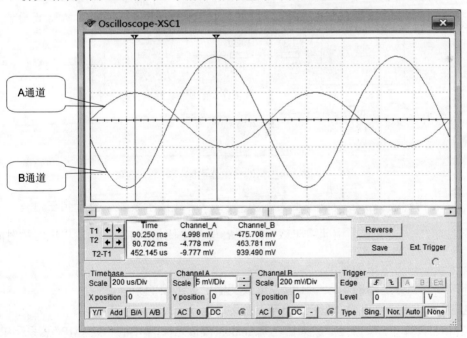

图 4-26　晶体管放大器仿真结果

实践操作项目5 三角波发生器电路的仿真

能 力 目 标

1. 熟悉模拟器件库、信号源库和基本元件库。
2. 熟悉放置并编辑元件。
3. 会在 Multisim 中建立电路模型并仿真。

【任务资讯】

信号源主要给被测电路提供所需的已知信号(各种波形)，然后用其他仪表测量所需的参数。信号源广泛地应用于各大院校和科研场所。波形发生器就是信号源的一种，其中三角波发生电路是模拟电子技术中重要的信号发生电路。

三角波发生器由两个模块电路组成：产生方波模块电路和产生三角波电路模块，如图 5-1 所示。

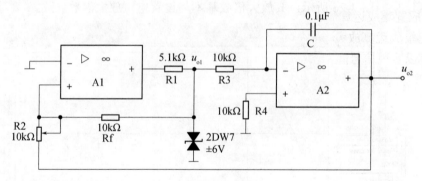

图 5-1 三角波发生器电路

在 u_{o1} 端连接示波器，会看到波形为方波；在 u_{o2} 端连接示波器，会看到三角波。三角波的周期为 $T = \dfrac{4R_2}{R_1}R_3C$。由此式可知，改变 R_2 与 R_1 之比值或 RC 充、放电电路的时间常数，就可改变输出电压的频率。

此外，改变积分电路的输入电压值也可改变输出三角波的频率。

该电路中，需要用到电阻、电容、电源以及集成运算放大器。电阻、电容在基本元件库中，电源在信号源库中，集成运算放大器在 Analog(模拟元件)库中的"OPAMP"族系列中。

【任务实施】

三角波发生器仿真电路如图 5-2 所示。具体实施过程如下：

步骤 1：创建文件并保存。

步骤 2：放置元件并编辑。

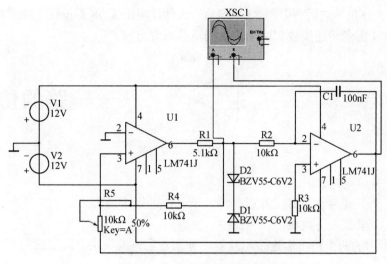

图 5-2 三角波发生器仿真电路

(1) 放置电阻、电容(参考实践操作项目 1、2)。

(2) 放置直流稳压电源(参考实践操作项目 1)。

(3) 放置稳压管。

稳压管所在的库为二极管库,选择二极管库中"ZENER"系列中的"BZV55-C6V2"元件,点击【OK】放置稳压管,连续放置两只,然后编辑其中一只的放置方向。

(4) 放置集成运算放大器。

理想集成运算放大器是一个具有无限大增益、无限大输入阻抗和零输出阻抗的放大器,它可以实现信号间的多种运算,如加法、减法、微分、积分、求均值及信号的放大。

集成运算放大器所在的库为 Analog(模拟元件)库,点击工具栏中的 Place Analog(放置模拟元件)图标,弹出如图 5-3 所示的对话框,该库所包含的系列见附表 A-7 所示。

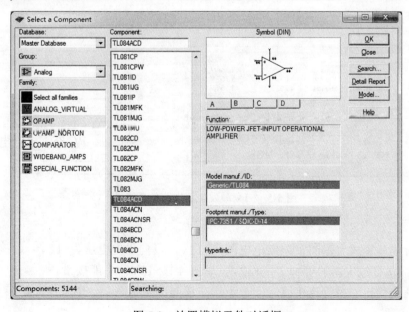

图 5-3 放置模拟元件对话框

选择"OPAMP"族系列中的"LM741J"元件，单击【OK】按钮，放置集成运算放大器，如图5-4所示。连续放置两个，并编辑其放置方向。

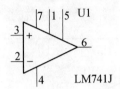

图 5-4　集成运算放大器

步骤 3：连接电路。

按图5-2所示顺序摆放好元件后，将各个元件进行连接。

步骤 4：放置仪表并连接。

在集成运用的两个输出端连接示波器，分别观察方波模块电路与三角波模块电路的信号波形。

步骤 5：电路仿真。

按下仿真工具按钮，开始仿真。其仿真结果如图 5-5 所示，分析可知其幅值约为1.2V(计算值为1.24V)，周期约为4.5ms(计算值为4.3ms)。

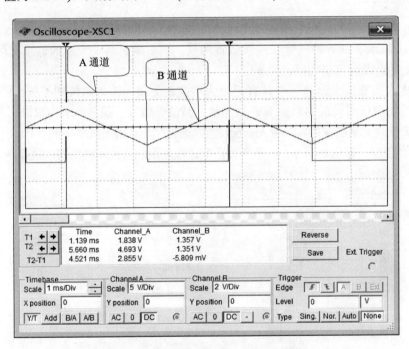

图 5-5　三角波发生器电路仿真结果

[总结]

(1) 集成运算放大器的正向供电电压为+12V，反向供电电压为-12V，连接电路时，要注意集成运算放大器的管脚 7 接+12V，管脚 4 接-12V，不能接错。

(2) 两个稳压二极管连接时，一个工作在反向击穿状态，一个工作在正向导通状态。连接时需注意。

[拓展练习]

5-1　反向比例运算放大器电路仿真分析。

创建如图 5-6 所示反相比例运算放大器仿真电路模型，并进行仿真。

[提示]

运算放大器在 Analog(模拟元件库)中的"ANALOG_VIRTUAL"族系列；函数信号发生器的设置面板如图 5-7 所示，Frequency 频率为 1kHz，Amplitude 幅值为 10V，Offset 偏置为 0V。仿真结果如图 5-8 所示。

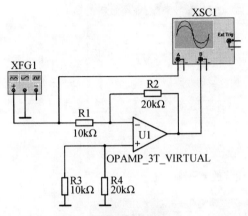

图 5-6　反相比例运算放大器仿真电路

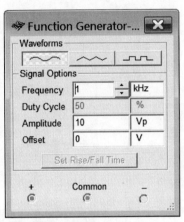

图 5-7　函数信号发生器设置面板

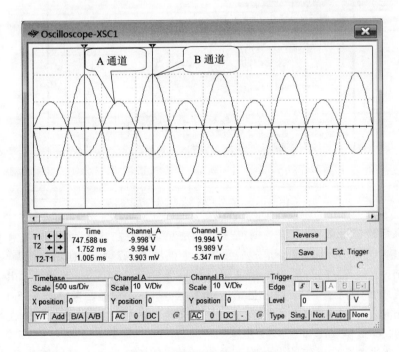

图 5-8　运算放大器仿真结果

由仿真结果分析可知：输出信号与输入信号相位相反，且被放大了 2 倍。

5-2　利用向导设计运算放大器电路。

利用向导设计反向比例运算放大器电路，其电压放大倍数为-5，并仿真测试分析。

[提示]

执行【Tools】(工具菜单)→【Circuit Wizards】(电路向导)→【Opamp Wizard】(运算放大向导)命令，弹出运算放大电路参数设置对话框，如图 5-9 为反相比例放大电路创建设置对话框，由运算放大器构成的运算电路类型如图 5-10 所示，共有 6 种。

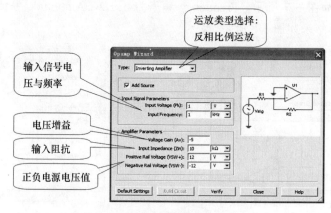

图 5-9　创建反相比例放大电路向导

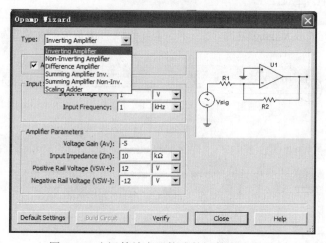

图 5-10　由运算放大器构成的运算电路类型

本例采用缺省设置，输入信号的电压峰值为 1V，频率为 1kHz，运放的电压增益 Voltage Gain 为-5，输入阻抗为 10 kΩ，运放的正向供电电压为+12V，反向供电电压为-12V。直接点击【Verify】(修正)按钮，在电路缩图下方会出现 Calculation was successfully completed (电路创建成功)的提示，同时【Build Circuit】(创建电路)按钮凸起，如图 5-11 所示，然后点击【Build Circuit】(创建电路)按钮，光标上会附着创建好的电路，移动光标将其放置到电路窗口合适位置，如图 5-12 所示。

若要手动创建反相比例放大电路，需添加电源给运放供电，电路才能正常工作。

向电路添加一双通道示波器，分别连接输入与输出信号，对反向比例运算放大器进行仿真，仿真结果如图 5-13 所示。可看到仿真结果为：输入信号被反向放大了 5 倍(通道 A 显示比例为 1V/Div，通道 B 显示比例为 5V/Div)，与创建电路过程中的设置相一致。

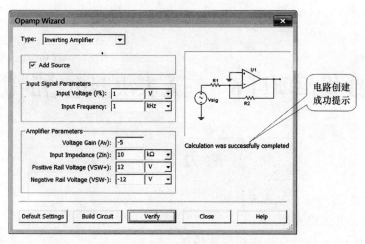

图 5-11　创建反相比例放大电路

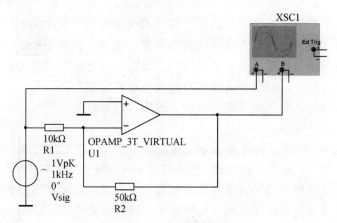

图 5-12　运算放大器电路

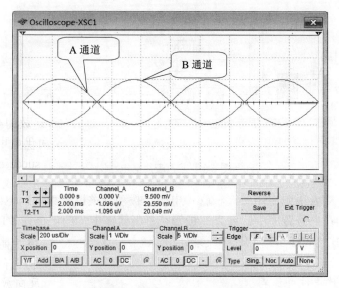

图 5-13　运算放大器电路仿真结果

实践操作项目 6   三人表决器电路的仿真

能 力 目 标

1. 熟悉 TTL 器件库、基本元件库。

2. 熟悉放置并编辑元件。

3. 会在 Multisim 中建立电路模型并仿真。

【任务资讯】

　　表决器是投票系统中的客户端，是一种代表投票或举手表决的表决装置。其适用于投票选择、评分式表决、人员工作成绩考核评定、行业会议现场互动等。表决时，与会的有关人员只要按动各自表决器上"赞成"、"反对"、"弃权"的某一按钮，荧光屏上即显示出表决结果。目前，表决器可分为有线表决器和无线表决器两大类，其中有线表决器已经退出此项市场，而无线投票表决器无需安装，会议之前准备，快捷、携带方便，适合各种固定或移动会场。

　　对于电子初学者来说，三人表决器电路简单、易学。三人表决器电路如图 6-1 所示，工作原理是：三个人分别用手指拨动开关设为 SW1、SW2、SW3 来表示自己的意愿，如果对某决议同意，就把自己的拨动开关打到高电平，不同意就把自己的拨动开关打到低电平，表决结果用发光二极管显示。如果发光二极管被点亮即至少两人同意，表明决议通过；如果发光二极管没亮，即至少两人不同意，决议没有通过。

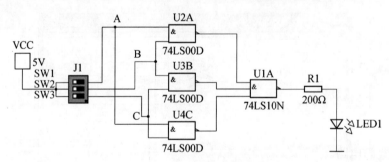

图 6-1   三人表决器电路

　　该电路中，需要用到电阻、二极管、电源、拨动开关以及集成门电路。电阻在基本元件库中，电源在信号源库中，发光二极管在二极管库中，门电路在 TTL 器件库中，J1在基本元件库的"SWITCH"(开关)族系列中。

【任务实施】

　　步骤 1：创建文件并保存。

　　步骤 2：放置元件并编辑。

(1) 放置电阻、发光二极管(参考实践操作项目1、3)。

(2) 放置+5V直流电源(参考实践操作项目4)。

(3) 放置拨动开关。

打开基本元件库,选择库中"SWITCH"(开关)族系列,会出现如图6-2所示对话框,选择组件里的"DSWPK_3",点击【OK】按钮,放置拨动开关,放置后的拨动开关如图6-3所示。管脚相对的为一组,本例中需要3组,因此选用"DSWPK_3"。从图中可以看出,拨动开关中间有黑白两种颜色,当用鼠标点击时,颜色会发生变化,当黑颜色在带点一侧时,表示开关打在关断位置;白颜色在带点一侧时,表示开关闭合,电路接通。不用时,应打在关断位置。

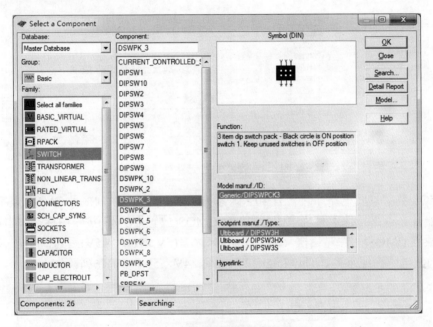

图6-2 放置拨动开关对话框

图6-3 放置后的拨动开关

(4) 放置门电路。

Multisim中的TTL与CMOS元件库中,存放了大量与实际元件相对应的数字元件,在仿真中使用其现实模型,可以得到精确的仿真结果,也可进行理想化仿真,加快仿真速度。

TTL数字集成电路库包含有74××系列和74LS××系列等74系列数字电路器件。点击元件工具栏中的 Place TTL(放置TTL)按钮图标,弹出如图6-4所示的放置TTL元件对话框,该库包含的74系列有STD_IC标准集成型、STD标准型、S_IC肖特基集成型、LS_IC低功耗肖特基集成型、LS低功耗肖特基型、F高速型、ALS先进低功耗肖特基型、AS先进肖特基型。74系列的供电电压通常为5V。

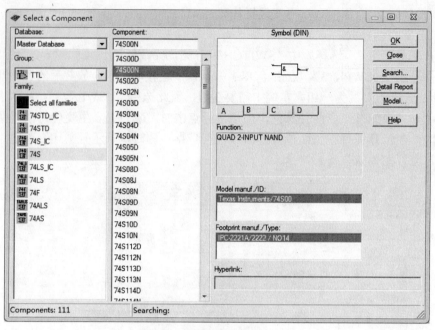

图 6-4　放置 TTL 元件对话框

CMOS 数字集成电路库包含有 40×× 系列和 74HC×× 系列多种 CMOS 数字集成电路系列器件。点击元件工具栏中的 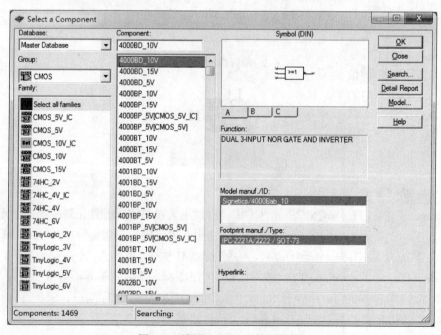Place CMOS(放置 COMS)按钮图标，弹出如图 6-5 所示的放置 CMOS 元件对话框，该库包含 4×××(5V、10V、15V)系列、74HC××(2V、4V、6V)低电压高速系列、Tiny Logic(2V、3V、4V、5V、6V)系列。

图 6-5　放置 CMOS 元件对话框

电路中所用门电路 74LS00 是一个 2 输入 4 与非门。选择 TTL 元件库中"74LS"系列中的 "74LS00D"元件，点击【OK】按钮，放置元件，放置后的元件如图 6-6 所示。点击"A"，放置一个与非门子件；点击"B"，放置第二个与非门子件，依次根据需要可以放置 4 个与非门子件。也可以选择不是一个元件内的与非门子件，如图 6-7 所示，选择"New"，放置第二个元件的与非门子件。

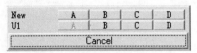

图 6-6　放置后的与非门　　　　　　　　图 6-7　放置新的门电路元件

创建如图 6-8 所示电路来测试与非门的基本特性。

从元件库中分别找出门电路、5V 直流电源、时钟信号、电阻、发光二极管，并连接电路，放置示波器，测试输出信号。

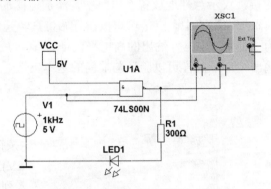

图 6-8　与非门基本特性测试电路

按下仿真工具按钮，开始仿真，其仿真结果如图 6-9。数字电路其缺省的仿真设置为理想化仿真，输出信号幅值为 5V，仿真过程中会看到发光二极管不断闪烁，分析输出与输入波形，可知时钟信号为高电平时，输出为低电平；时钟信号为低电平时，输出为高电平，验证了与非门的基本特性。

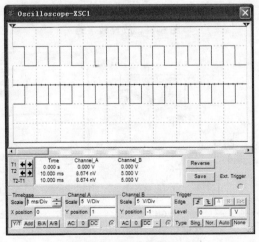

图 6-9　门电路测试波形

若要对该数字电路进行实际仿真，则执行【Simulate】(仿真菜单)→【Digital Simulation Settings】(数字电路仿真设置)命令，弹出仿真设置窗口，按图 6-10 所示选择"Real(实际)"仿真，提示实际仿真时需添加"电源"与"数字地"。

图 6-10　数字电路仿真设置

　　向电路中添加"电源"与"数字地"，添加"数字地"过程如图 6-11 所示，通常"数字地"不跟任何器件相接，仅示意性地放置在电路中，添加电源的目的是为与非门提供工作电源，也示意性地添加在电路中。点击仿真按钮开始仿真，其仿真结果如图 6-12 所示，输出信号幅值约为 3.3V(TTL 器件输出的高电平值)，仿真过程中会看到发光二极管不断闪烁，分析输入输出波形，同样可以验证与非门的基本特性。

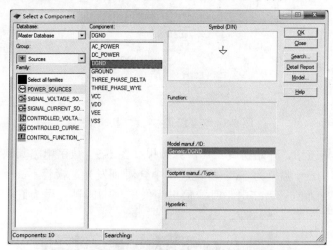

图 6-11　放置数字地

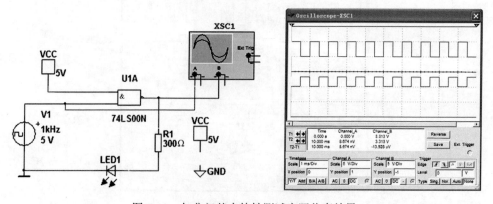

图 6-12　与非门基本特性测试实际仿真结果

若数字电路仿真设置为实际仿真，而电路中没有添加"电源"与"数字地"时，其仿真结果如图 6-13 所示将发生错误。

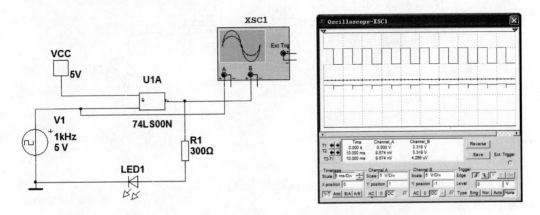

图 6-13　选择实际仿真而未添加电源与数字地时的仿真结果

电路中所用 74LS10N 为三输入与非门，放置方式同 74LS00N。

步骤 3：连接电路。

按图 6-1 顺序摆放好元件后，将各个元件进行连接。

步骤 4：放置仪表并连接。

本项目不需要放置仪表。

步骤 5：电路仿真。

按下仿真工具按钮，开始仿真。电路的初始状态 ABC 输入均为低电平，可看到发光二极管不能被点亮；当 B、C 两人同意(输入逻辑变量为高电平)时，输出为高电平，发光二极管被点亮，如图 6-14 所示；当 A、B、C 三人同意时，输出为高电平，发光二极管被点亮，如图 6-15 所示。

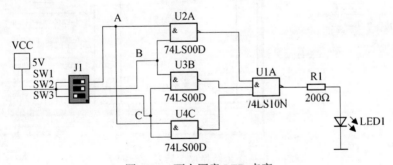

图 6-14　两人同意 LED 点亮

由仿真结果分析可知：当两个或两个以上输入逻辑变量为高电平时，输出端的 LED 发光二极管被点亮。

[总结]

(1) 在表决器电路中，要注意开关的使用，清楚开关的开关状态。

(2) 和实际门电路元件相同，集成门电路中有多个子件，要注意子件的选用。

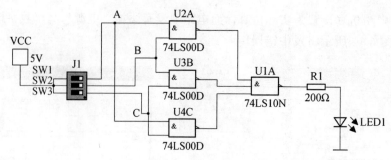

图 6-15　三人同意 LED 点亮

[拓展练习]

6-1　组合逻辑电路设计。

用两输入与非门设计一逻辑电路，当输入端有两个为 1 或三个均为 1 时，输出端为才为 1。其逻辑表达式为：

$$Y=AB+BC+AC$$

(1) 逻辑转换仪的使用。

本设计过程中需要用到逻辑转换仪。逻辑转换仪能够执行电路表达式或数字信号的多种变换形式。能生成数字电路的真值表与布尔表达式，也能从电路的真值表或布尔表达式生成电路。

点击仪表工具栏中的 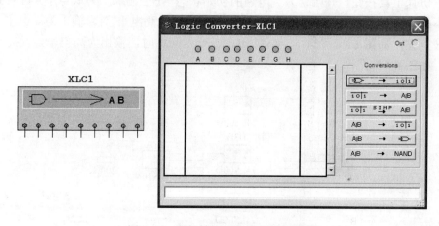Logic Converter(逻辑转换仪)按钮图标，将其放置到电路窗口中，选中后双击将会弹出其设计面板，如图 6-16 所示，它共有 9 个端子，前 8 个端子为逻辑输入，最后一个端子为逻辑输出。

图 6-16　逻辑转换仪图标及设计面板

(2) 设计过程。

本例逻辑电路设计的过程如图6-17所示。单击真值表栏上的A、B及C上方的小圆圈，真值表栏的左边自动产生真值表的行号，中间是输入逻辑变量的组合，右边的逻辑值显示为"？"，如图6-17(a)所示；按照电路的设计要求，输入其输出逻辑变量值，单击"？"先变为"0"，再单击变为"1"，再单击变为"X"任意值，设置的真值表如图6-17(b)所示；点击逻辑转换仪面板上【■□■ 最简表达式】最简表达式按钮，将真值表转换为逻辑表

达式，图6-17(b)的下端空白处会出现表达式"AC+AB+BC"；然后单击【 A|B → NAND 】按钮，系统会自动设计出由与非门构成的Y逻辑电路，如图6-17(c)所示。

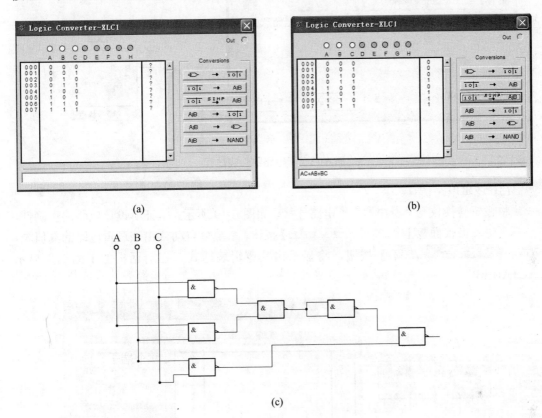

(a)

(b)

(c)

图 6-17 逻辑电路设计过程

为了使电路简洁，将该逻辑电路设置为一子电路，其过程如图 6-18 所示。执行【Place】(放置菜单)→【Connectors】(连接)→【HB/SC Connector】命令，光标上将附着一名为IO1的接口符号，连续放置四个接口，系统会自动给出其参考序列号IO1、IO2、IO3、IO4，将其参考号改为输入 A、B、C，输出为 Y，如图 6-18(a)所示。将图 6-18(a)的电路全部选中，然后执行【Place】(放置菜单)→【Replace by Subcircuit】(用子电路代替)命令，之后弹出输入子电路名对话框，如图 6-18(b)所示，输入"表决器"后，点击【OK】按钮，产生如图 6-18(c)所示的子电路。

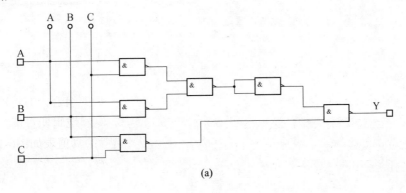

(a)

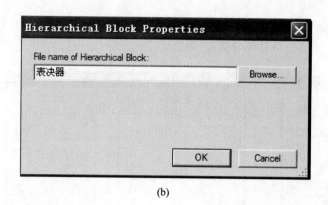

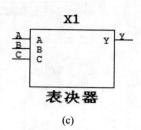

(b)　　　　　　　　　　　　　　　　　　(c)

图 6-18　子电路的创建过程

(3) 逻辑电路仿真。

将逻辑转换仪与"表决器"子电路连接，如图 6-19 所示，验证所设计电路的正确性。点击逻辑转换仪面板上【🔲━━━━ 1○1】按钮，系统会自动列出该逻辑电路的真值表，点击【1○1 ⁵ᴵᴹᴾ A∣B】按钮，将显示出其逻辑表达式，在对话框的下面栏里显示 AC+AB+BC。

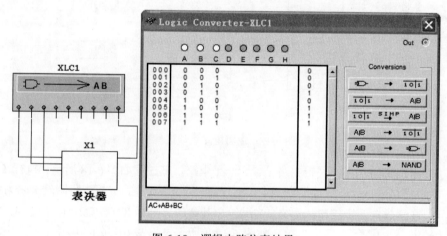

图 6-19　逻辑电路仿真结果

实践操作项目 7 四人抢答器电路的仿真

能 力 目 标

1. 熟悉模拟器件库、信号源库和基本元件库。

2. 熟悉放置并编辑元件。

3. 会在 Multisim 中建立电路模型并仿真。

【任务资讯】

抢答器在比赛中有很大的用途，它能准确、公正、直观地判断出第一抢答者。通过抢答器的指示灯显示，或者数码显示指示出第一抢答者的序号。一般抢答器由门电路组成，通过一定的逻辑关系判断出第一抢答者，且对后来抢答者无效。

抢答器由两部分组成：逻辑判断电路部分和指示部分，如图 7-1 所示。

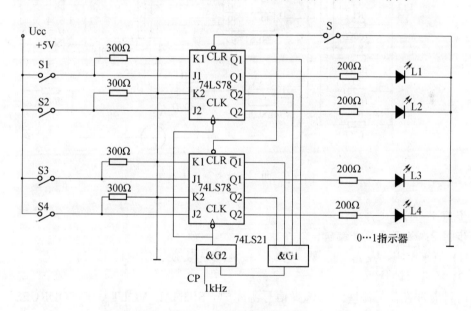

图 7-1 抢答器电路原理图

电路由两片双 JK 触发器 74LS78 和一片 4 输入双与门 74LS21 组成了四人抢答器电路，在智力竞赛中，参赛者可以通过 S1~S4 按钮进行抢答。

其工作原理是：开始工作时，按一下清零按钮 S，使所有的 Q 为低电平，4 个发光二极管 L1~L4 全灭。所有 $\overline{Q}$ 为高电平，与门 G1 输出为 1，打开与门 G2，时钟脉冲 CP 作用在触发器的时钟输入 CLK 端。由于所有的 J、K 均为低电平，所以所有的 Q 一直保持低电平不变。

当 4 个人中的某一个人首先按下抢答钮(如 S2 时)，则对应的 $J_2=1$，使 $Q_1=1$，L2 发光。与此同时，$\overline{Q_2}=0$，与门 G1 输出低电平，关闭 G2 门，触发器的 CLK 端为低电平，使各触发器 Q 端的状态不再改变，直至再按一下 S 按钮重新清零，才可进行下一轮抢答。

该电路中，需要用到电阻、按钮开关、发光二极管、电源、门电路、时钟脉冲以及 D 触发器。电阻、按钮开关在基本元件库中，电源、时钟脉冲在信号源库中，与门电路以及触发器在 TTL 器件库中。

【任务实施】

为了简化电路，两片 74LS78 可以用一片 74LS175D 触发器代替，仿真电路图如图 7-2 所示。

下面创建如图 7-2 所示的四人枪答器电路仿真模型并进行仿真，其具体步骤如下。

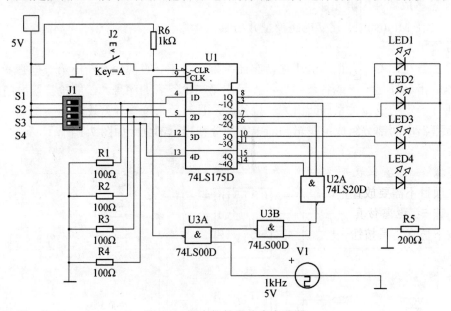

图 7-2　四人抢答器仿真电路图

步骤 1： 创建文件并保存。

步骤 2： 放置元件并编辑。

(1) 放置电阻、发光二极管、电源、接地(参考实践操作项目 1、3)。

(2) 放置时钟脉冲。

时钟脉冲在信号源库中，选择信号源库中"SIGNAL_VOLTAGE_SOURCES"族系列中的"CLOCK_VOLTAGE"，放置时钟脉冲，其默认参数为 1kHz、5V。

(3) 放置拨动开关 J1、J2(参考实践操作项目 6)。

(4) 放置 D 触发器。

点击元件工具栏中的 ⚡Place TTL(放置 TTL)按钮图标，选择"74LS"族中的"74LS175D"触发器，放置后双击修改显示方式，如图 7-3 所示。显示设置后，就可以看到管脚的编号及名称，便于线路的连接。

(5) 放置门电路(参考实践操作项目 6)。

74LS00D 为二输入四与非门逻辑器件，74LS20D 为四输入二与非门逻辑器件。

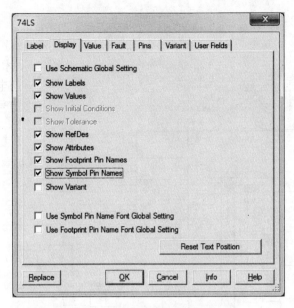

图 7-3 74LS175D 显示设置对话框

步骤 3：连接电路。

按图 7-2 顺序摆放好元件后，将各个元件进行连接。

步骤 4：放置仪表并连接。

本项目不需要放置仪表。

步骤 5：电路仿真。

按下仿真工具按钮，开始仿真。问题被 S1 抢答到后，LED1 点亮，然后 S3 再按下，LED3 不能被点亮，现象如图 7-4 所示。按下复位开关 J2，电路被清零，所有灯熄灭，重新抢答，电路如图 7-5 所示。

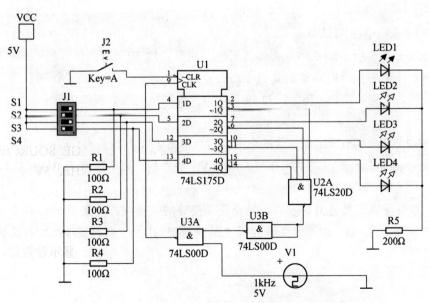

图 7-4 S1 先按下开关，S3 后按下开关电路现象

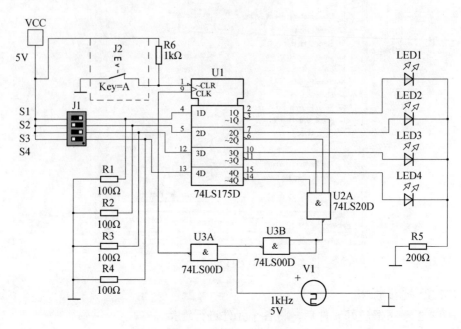

图 7-5　电路复位后现象

[总结]

(1) 四人拨动开关可以选择一体的，也可以选择分离元件，如 J2。

(2) 在实际电路中，J2 需采用自复位按钮。仿真时，按 J2 使电路清零后，需再次按 J2，否则电路将一直处于清零状态，不能正确抢答。

[拓展练习]

八路抢答器电路测试分析。

创建如图 7-6 所示的八路抢答器仿真电路模型，J2 按下时的仿真测试结果如图 7-7 所示。将除按键与显示电路外的其他电路设置为子电路，参考实践操作项目 6，建立子电路后的仿真电路如图 7-8 所示，J2 按下时的仿真测试结果如图 7-9 所示。

[提示]

4511BP_5V 在 CMOS器件库中的 "CMOS_5V_IC" 族系列；U2 共阴极七段数码管在 [图]Indicators(指示器)库中的"HEX_DISPLAY"族系列；J1～J9 在 [~~]Basic(基本元件)库中的 "SWITCH" 族系列。

打开各个按键的属性对话窗口，可设置各按键的快捷键。设置 J1～J8 各个选手开关的快捷键分别为 A～H，J9 主持人复位开关的快捷键为 I，仿真时直接按相应快捷键即可进行抢答仿真。

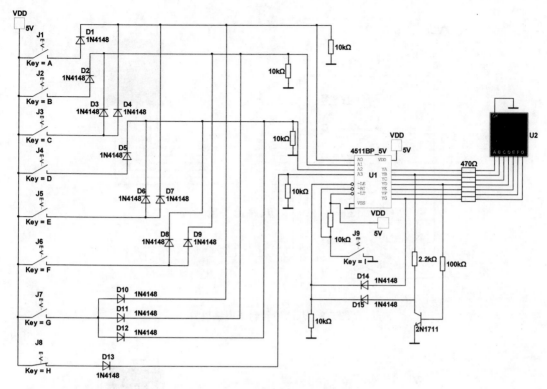

图 7-6　八路抢答器电路

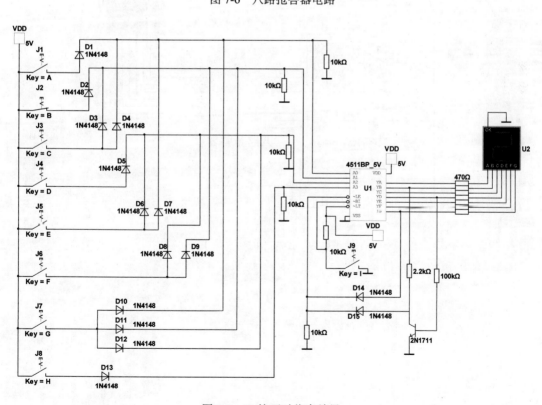

图 7-7　J2 按下时仿真结果

81

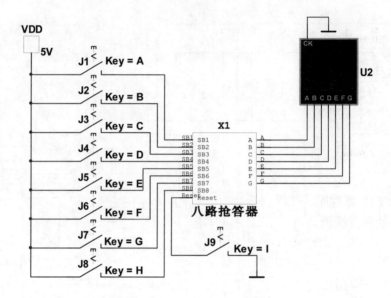

图 7-8　八路抢答器子电路模型

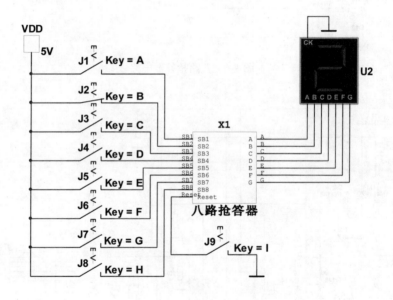

图 7-9　J2 按下时仿真结果

实践操作项目 8 计数器电路的仿真

能 力 目 标

1. 熟悉 TTL 器件库、指示器件库、信号源库和基本元件库。
2. 熟悉放置并编辑元件。
3. 会在 Multisim 中建立电路模型并仿真。

【任务资讯】

计数器是一个用以实现计数功能的时序部件，它不仅可用来记脉冲数，还常用作数字系统的定时、分频和执行数字运算以及其他特定的逻辑功能。

计数器种类很多。按构成计数器中的各触发器是否使用一个时钟脉冲源来分，有同步计数器和异步计数器。根据计数制的不同，分为二进制计数器、十进制计数器和任意进制计数器。本项目仿真任务是一个六十进制计数器。

六十进制计数器电路如图 8-1 所示。电路由两片 74LS162 组成，74LS162 为可预置的十进制同步计数器。Clk 是时钟脉冲输入端，下降沿触发计数器翻转。允许端 ENP 和 ENT 都为高电平时允许计数，允许端 ENT 为低电平时禁止进位位 RCO 产生。同步预置端 Load 加低电平时，在下一个时钟的下升沿将计数器置为预置数据端的值。清除端 CLR 为同步清除，低电平有效，在下一个时钟的下升沿将计数器复位为 0。74LS162 的进位位 RCO 在计数值等于 9 时，进位位 RCO 为高，脉宽是一个时钟周期，可用于级联。

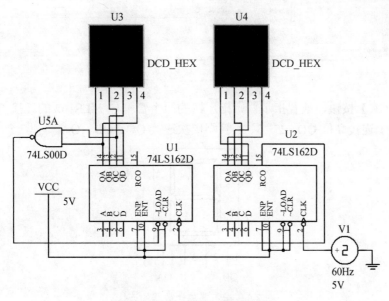

图 8-1 六十进制计数器原理图

该电路中，需要用到电源、门电路、时钟脉冲、显示器以及计数器。电源、时钟脉冲在信号源库中，与门电路以及触发器在 TTL 器件库中，显示器在指示器件库中。

【任务实施】

下面创建如图 8-1 所示的六十进制计数器电路仿真模型并进行仿真，其具体步骤如下。

步骤 1： 创建文件并保存。

步骤 2： 放置元件。

(1) 放置电源、接地(参考实践操作项目 1)。

(2) 放置时钟脉冲(参考实践操作项目 7)。

(3) 放置数码管。

点击元件工具栏中的 Place Indicator(放置指示器)按钮图标，将弹出放置指示器对话框，如图 8-2 所示。指示器库中包含的族系列有电压表、电流表、灯泡、十六进制显示器等，见附表 A-4。选择该库中"HEX_DISPLAY"族系列中的"DCD_HEX"指示器。

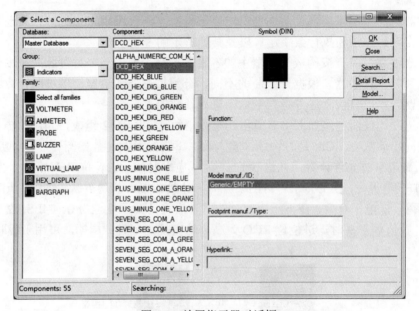

图 8-2 放置指示器对话框

点击【OK】按钮，放置指示器，指示器的四个管脚与 74LS162 的连接关系如图 8-3 所示，管脚 1 连接高位 QD，2、3、4 管脚依次连接 QC、QB、QA。

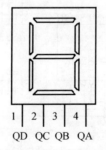

图 8-3 指示器与计数器的连接

(4) 放置与非门逻辑器件 74LS00 及计数器 74LS162（参考实践操作项目 6、7）。项目中的与非门器件采用了 ANSI 符号标准，并不影响电路仿真。

步骤 3：连接电路。

按图 8-1 所示顺序摆放好元件后，将各个元件进行连接。

步骤 4：放置仪表并连接。

本项目不需要放置仪表。

步骤 5：电路仿真。

按下仿真工具按钮，开始仿真。会看到计数器计数的仿真起点从 00 开始到仿真终点 59，之后计数器会自动恢复原来的 00 起点继续进行循环计数，现象如图 8-4 和图 8-5 所示。

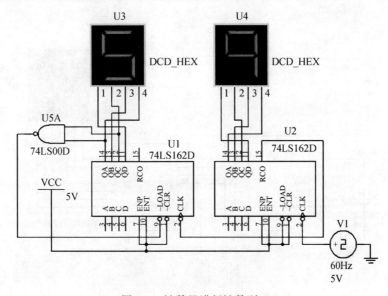

图 8-4　计数器进行计数到 59

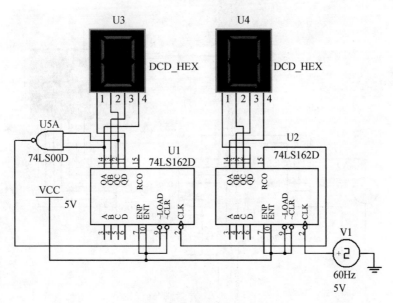

图 8-5　计数器重新计数

通过修改时钟脉冲的频率可以改变计数的快慢，本项目采用的频率为 60Hz。

[总结]

(1) 计数器芯片除了 74LS162 之外，还可以采用 74LS160、74LS161 等，其特性可查阅相关资料。

(2) 改变时钟脉冲的频率，可改变计数速度。脉冲还可以用 555 定时器振荡电路产生。

[拓展练习]

一位十进制计数器电路仿真测试。

创建如图 8-6 所示的一位十进制加法计数器，数字从 0 加到 9，然后变为 0，循环变化。仿真测试结果如图 8-7 所示。

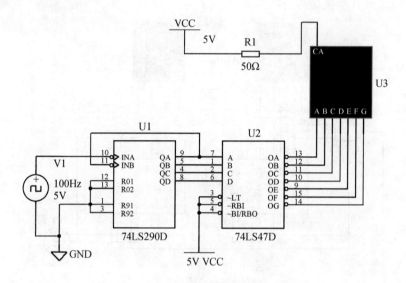

图 8-6　一位十进制计数器仿真电路图

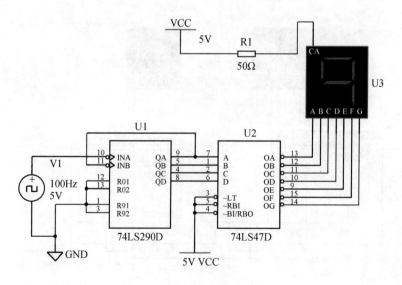

图 8-7　计数到 9

86

[提示]

U1、U2 在 TTL 器件库里；U3 为共阳极七段数码管，在🖼Indicators(指示器)库中的 "HEX_DISPLAY" 族系列；电源、地以及信号源在╪ Source(信号源)库中；电阻在 Basic 基本元件)库中。

在本电路中 LED 数码管中的每个 LED 灯的开启电压是 1.8～2V 左右，导通电流是 5mA，可双击数码管查看。以最低电流 5mA 来算，则要保证流过 R2 的电流至少是 5×7=35mA 才能使数码管显示正常(即 7 个 LED 灯都亮显示 8 的时候)。因为 74ls47 是输出低电平有效，显示 "8" 时可以把 OA～OG 都看成是接地的，LED 的导通电压为 2V，则 R2 两端的电压为 5-2=3V，因为要保证流过 R2 的电流大于或等于 35mA，则 R2≤ 3/35mA=85Ω，即只要保证 R2 小于 85Ω 即可。

实践操作项目9 消防车双音报警器
电路的仿真

能力目标

1. 熟悉模数混合器件库、信号源库和基本元件库。
2. 熟悉放置并编辑元件。
3. 会在 Multisim 中建立电路模型并仿真。
4. 会使用向导建立电路图。

【任务资讯】

消防车的报警器能发出两个声调的声音，一高一低，这是由于声音的频率不同造成的。报警器电路如图 9-1 所示，它是由两块 555 定时器和外接 R、C 构成的两个不同频率的多谐振荡器电路。

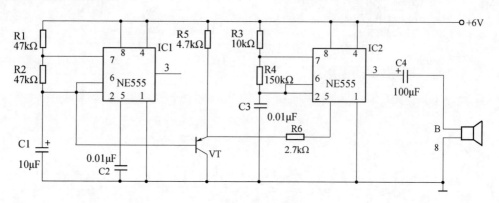

图 9-1 双音报警器电路图

其中所用的 555 集成定时器，是一种模拟和数字电路相结合的集成电路，广泛用于信号的产生、变换、控制与检测，其引脚功能如图 9-2 所示。

555 定时器典型的应用电路有多谐振荡器电路，如图 9-3 所示，其高电平时间约为 $0.7(R_1+R_2)C$，低电平时间约为 $0.7R_2C$；单稳态触发器电路如图 9-4 所示，充电时间约为 $1.1RC$；施密特触发器电路如图 9-5 所示，用于波形变换、波形整形、鉴幅等。

当需要将 555 定时器变成可控多谐振荡器时，可以在 555 时基电路的 5 脚外加一个控制电压，这个电压将改变芯片内比较电平，从而改变振荡频率，当控制电压升高(降低)时，振荡频率降低(升高)，这就是控制电压对振荡信号频率的调制。利用这种调制方法，可组成双音报警器。

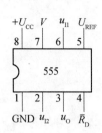

图 9-2　555 引脚功能

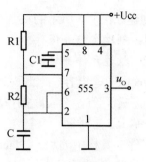

图 9-3　多谐振荡器电路

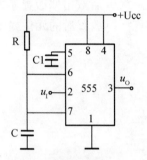

图 9-4　单稳态触发器电路

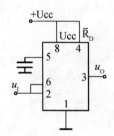

图 9-5　施密特触发器电路

消防车双音报警器电路的工作原理是：该电路可模拟警笛的声音，用 IC1 外接电容 C1 上，周期为 1s 左右的低频锯齿波信号作为 IC2 的调制信号，使 IC2 输出一个扫频波矩形波，产生变调效果。晶体管 T 接成射极跟随器，使 IC1 的 2 脚上的锯齿波经 T 缓冲后加到 IC2 的 5 脚，使 IC2 的振荡频率在 0.67s 内逐渐下降到一个低频率，再在 0.33s 内上升到原来的高频率，如此反复下去，使扬声器发出类似消防车警笛的声响。

该电路中，需要用到电阻、电容、三极管、电源以及模数混合器件 555 定时器。电阻、电容在基本元件库中，电源在信号源库中，555 定时器在 Mixed(模数混合器)库中。

【任务实施】

为了测试电路，扬声器处连接示波器进行信号的观察，仿真电路如图 9-6 所示。

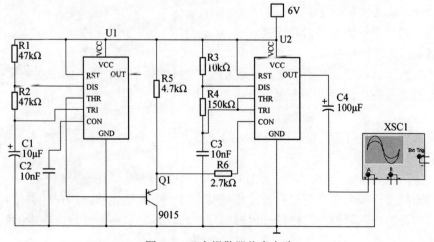

图 9-6　双音报警器仿真电路

下面创建如图 9-6 所示的双音报警器电路仿真模型并进行仿真，其具体步骤如下。

步骤 1：创建文件并保存。

步骤 2：放置元件并编辑。

(1) 放置电阻、电容、电源、接地(参考实践操作项目 1、2)。

(2) 放置三极管(参考实践操作项目 4)。

(3) 放置 555 定时器。

点击元件工具栏中的 ᏘᎩ（Place Mixed）放置模数混合元件，弹出如图 9-7 所示对话框，该库所包含的系列见附表 A-8 所示。选择"MIXED_VIRYUAL"族中的"555_VIRTUAL"定时器，点击【OK】放置元件。放置后双击修改显示方式，显示设置后，就可以看到管脚的编号及名称，便于线路的连接，放置后的元件如图 9-8 所示。

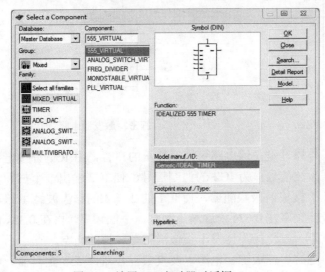

图 9-7　放置 555 定时器对话框

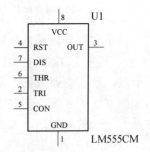

图 9-8　放置后的 555 定时器

步骤 3：连接电路。

按图 9-6 所示顺序摆放好元件后，将各个元件进行连接。

步骤 4：放置仪表并连接。

在扬声器两端放置示波器并连接。

步骤 5：电路仿真分析。

按下仿真工具按钮，开始仿真。用示波器观察 U2 输出端波形，如图 9-9 所示，频率和振幅都发生着变化，经过扬声器后，声调发生变化。

[总结]

改变 R3、R4 的阻值，可以改变输出的波形。

[拓展练习]

9-1　利用向导创建 555 单稳态触发电路。

单稳态触发器顾名思义就是有一个稳定状态，一个暂稳定状态，在外界信号的触发下，电路由稳态进入暂稳态，维持一段时间后，自动返回稳态。暂稳态维持的时间取决于电路本身的参数，与外界信号无关。电路如图 9-4 所示。

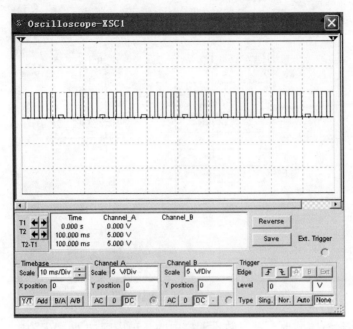

图 9-9　输出端波形

要求利用向导设计一个 555 单稳态触发器电路，并对其进行仿真分析。

操作步骤：执行【Tools】(工具菜单)→【Circuit Wizards】(电路向导)→【555 Timer Wizard...】(555 定时器向导)命令，将会弹出向导设置对话框，从 Type 栏中的选项列表可知 555 定时器电路有两种工作方式：无稳态运行方式的电路参数设置如图 9-10 所示，单稳态运行方式的电路参数设置如图 9-11 所示。

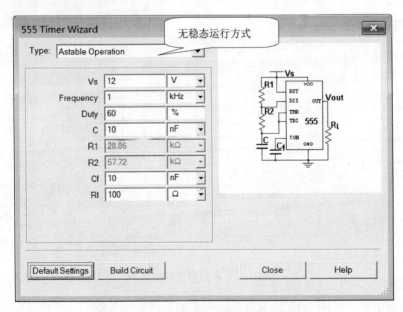

图 9-10　555 无稳态运行方式设置对话框

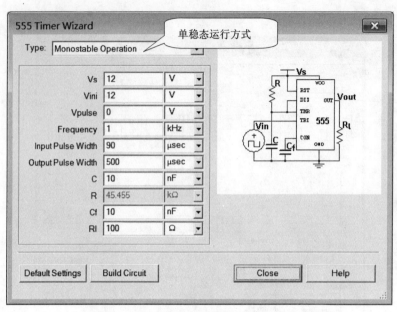

图 9-11　555 单稳态运行方式设置对话框

选择单稳态运行方式时，其参数设置栏中的各项内容如下：Vs 为电压源；Vini 为输入信号高电平电压；Vpulse 为输入信号低电平电压；Frequency 为频率；Input Pulse Width 为输入脉冲宽度；Output Pulse Width 为输出脉冲宽度；C 为电容值；R 为电阻值；Cf 为电容值；Rl 为电阻值。

各项参数按默认设置，点击图 9-11 中的【Build Circuit】(创建电路)按钮，即可生成单稳态定时电路，然后在电路设计窗口合适的位置单击左键，放置电路，放置后的电路如图 9-12 所示。

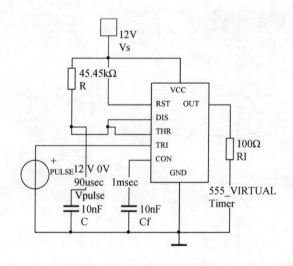

图 9-12　单稳态定时电路

仿真分析电路：如图 9-13 所示向电路中添加双通道示波器，进行仿真，仿真结果如图 9-14 所示。

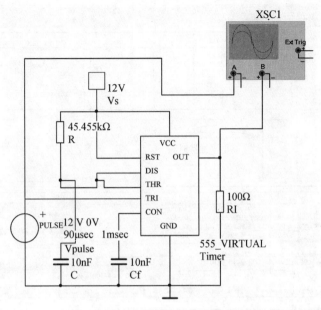

图 9-13　555 仿真电路

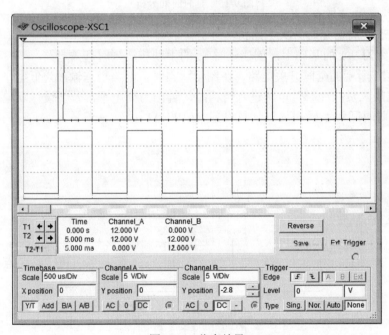

图 9-14　仿真结果

　　由图 9-14 分析可知：在外加负脉冲之前，输出为低电平，加上负脉冲后，输出为高电平，高电平维持的时间长短与外部连接的电阻—电容网络即 RC 有关，而与输入电压无关。采用默认设置的电路，在外加负脉冲时，移动光标轴，如图 9-15 所示可知高电平维持的时间即延时时间为 503 μs。根据图 9-13 的参数 R=45.455 kΩ，C=10nF，可计算出延时时间约为 1.1R*C=500 μs，与仿真结果基本一致。

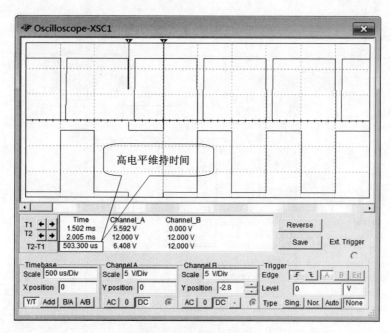

图 9-15　延时时间分析

9-2　555 定时器延时开关电路仿真分析。

在拓展练习 9-1 的基础上，创建延时 1s 的手动按钮延时开关电路。

如图 9-16 所示的延时开关电路，在图示状态时，电路稳态输出为低电平；按下按钮 J1 即输入端加入负脉冲时，电路进入暂稳态，输出为高电平，若要设计高电平维持时间即电路的延时时间为 1s，可通过计算设置 R=100 kΩ，C=10 μF。

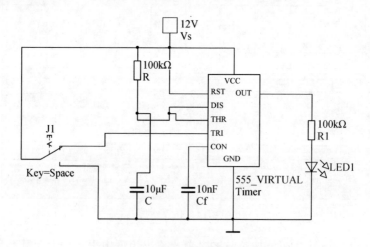

图 9-16　555 定时器延时开关电路

将拓展练习 9-1 电路文件中的脉冲信号替换为按钮开关，并添加发光二极管元件，按图 9-16 所示创建 555 定时器延时开关电路模型。按钮开关在基本元件库中。

向电路中添加双通道示波器，创建后的 555 延时开关电路仿真模型如图 9-17 所示。

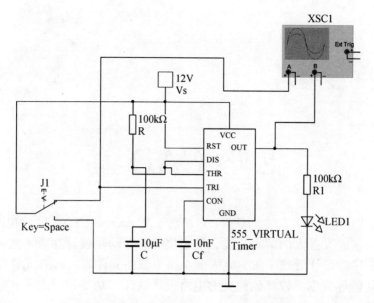

图 9-17　555 定时器延时开关电路仿真模型

　　执行仿真命令进行仿真，按下 J1 开关(给输入端低电平)，然后再将 J1 开关拨到高电平，可看到发光二极管被点亮，大约 1s 后发光二极管熄灭。示波器上显示的仿真结果如图 9-18 所示，移动光标轴，分析出发光二级管点亮的时间(输出端维持高电平的时间)长约为 1s，与设计的延时时间相一致。

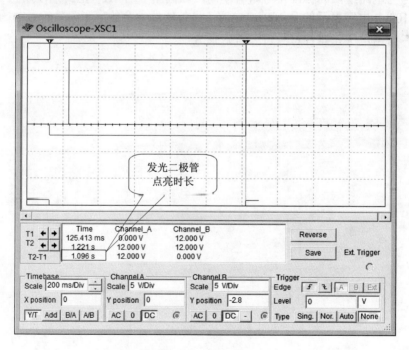

图 9-18　仿真结果

电路 CAD 篇

　　Protel 软件是电路设计的专用软件，它是基于 Windows 平台的 32 位电路设计自动化系统，具有丰富而又强大的编辑功能、迅速快捷的自动化设计功能、完善有效的检测工具、灵活有序的设计管理手段、庞大的电路原理图元件库、PCB 元件库和卓越的在线编辑元件功能等特色。较其他同类的电路设计软件，功能相对完善，容易学习和掌握，使用方便。

　　Protel 软件的主要功能为电路原理图设计、印制电路板设计、混合电路仿真和信号完整性分析等。本书仅涉及电路原理图设计与印制电路板设计两部分,采用的软件版本为 Protel DXP 2004。

　　在本篇的编写过程中，为了方便读者学习，所用截图与实际使用软件完全一致，但是有些符号与电路绘图的标准符号略有不同，如截图中的 1K 电阻表示的是 1 kΩ 电阻，截图中的 100uF 电容表示的是 100 μF 电容。另外软件中有的电子元件符号与国家标准符号不一致，常用电子元器件符号可参考附录 B。

实践操作项目 10　触摸延时开关电路的印制电路板设计与制作

能 力 目 标

1. 会创建项目文件、原理图文件与印制电路板文件,并将原理图文件与印制电路板文件用同一项目文件进行管理。
2. 熟悉基本元件库,会放置元件并修改元件属性。
3. 会运用视图控制、元件放置与元件属性修改时的快捷键。
4. 会元件编辑操作,如元件的选中、删除、复制、剪切、粘贴、对齐、旋转、拖动等操作。
5. 会正确用导线连接命令,进行原理图绘制。
6. 会原理图规则设置与规则检查。
7. 会原理图与 PCB 图的信息转换与同步更新。
8. 能熟悉元件的常用封装与封装编号。
9. 会设计印制电路板尺寸。
10. 能运用元件布局基本原则进行元件布局。
11. 会正确设置印制电路板的布线规则,如布线层、布线宽度等的设置。
12. 会取消元件、网络等的布线并能手动调整不合理布线。
13. 会设置固定元件的位置。
14. 会设置 PCB 板的安装定位孔。
15. 会进行 PCB 板设计规则检查。
16. 会生成印制电路板的元器件报表。

【任务资讯】

本操作项目主要介绍使用 Protel DXP 2004 软件进行印制电路板设计的流程,通过本项目的学习可以很快掌握设计印制电路板的步骤与要点,熟悉软件的使用与印制电路板的设计原则。

实践操作项目 4 进行了触摸延时开关电路的仿真,下面将用 Protel DXP 2004 软件进行该电路的原理图绘制与印制电路板设计,安装该软件后,默认的是英文版的使用环境,也可采用相应的方法进行汉化。为了方便学习,下面将采用中英文对照的方式介绍相应的操作命令。

【任务实施】

步骤 1:创建文件并保存。

创建一个新的 PCB 项目文件,选择存储路径并输入新文件名"触摸延时开关"进行保存;在该项目下分别添加一名为"触摸延时开关"的原理图文件与 PCB 文件。

打开 Protel DXP 2004 软件，其软件的环境界面如图 10-1 所示，默认是英文使用环境。与常用软件的使用环境相类似，包括菜单栏、工具栏、工作窗口、状态栏，其独具导航栏与标签栏。

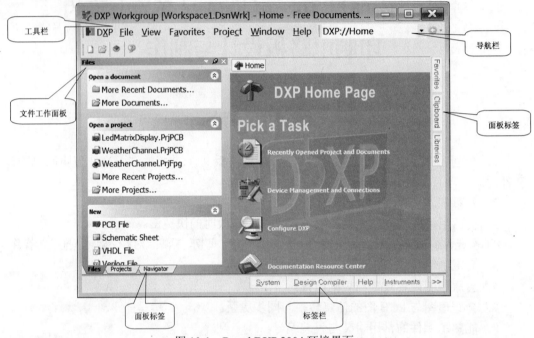

图 10-1　Protel DXP 2004 环境界面

执行下面的操作可将软件的使用环境汉化。

执行【DXP】→【Preferences】系统设置菜单命令，弹出 Preferences 设置对话框，在右侧窗口的【Localization】资源本地化区域中，☑ Use localized resources 勾选 Use Localized Sources 前的复选框，将软件资源本地化，之后弹出修改确认对话框，如图 10-2 所示，点击【OK】

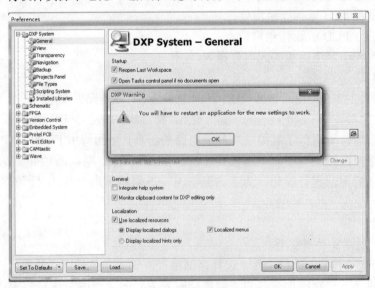

图 10-2　软件环境本地化设置对话框

按钮；返回【Preferences】设置对话框，再点击【OK】按钮。返回 Protel 环境主界面，然后关闭软件运行窗口，之后重新打开软件，可以看到该系统环境已变为中文环境。需说明的是，执行汉化操作后，有的工作面板、面板标签、对话框、子菜单等仍为英文环境。

(1) 创建新的项目文件。

执行【文件(File)】→【创建(New)】→【PCB Project】菜单命令，或执行【Files】文件工作面板【New】(创建)区中的【Blank Project(PCB)】命令，创建一新的项目文件，可以看到在【Projects】项目工作面板中，系统将自动生成一名为 PCB_Project1.PrjPCB 的 PCB 项目，如图 10-3 所示。

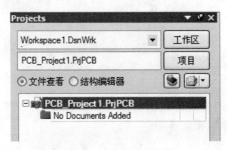

图 10-3　创建项目文件

(2) 在项目文件中添加原理图文件与 PCB 文件。

在【Projects】项目工作面板中，选中 PCB_Project1.PrjPCB 项目文件，通过下面三种方法可添加原理图文件与 PCB 文件。

方法一：执行【文件(File)】→【创建(New)】→【原理图(Schematic)】/【PCB 文件】命令。

方法二：执行【Files】文件工作面板【New】(创建)区中的【Schematic Sheet】/【PCB File】命令。

方法三：选中 PCB_Project1.PrjPCB 项目文件，点击鼠标右键，在弹出的菜单中选择【追加新文件到项目中(Add New to Project)】→【Schematic】/【PCB】命令。

执行该操作命令后，系统将自动生成名为 Sheet1.SchDoc/PCB1.PcbDoc 的电路原理图文件/PCB 文件，并将其添加到该项目下，如图 10-4 所示，同时打开一张空白的原理图文件/PCB 文件，系统进入原理图编辑环境/PCB 编辑环境。

(3) 保存项目文件、原理图文件与 PCB 文件。

在【Projects】项目工作面板中，选中 PCB_Project1.PrjPCB 项目文件，通过下面三种方法可保存项目文件。

方法一：执行【文件(File)】→【保存项目(Save as)】命令。

方法二：点击工具栏中 保存文件图标。

方法三：利用快捷键"Ctrl+S"。

方法四：选中 PCB_Project1.PrjPCB 项目文件后，点击鼠标右键，在弹出的菜单中选择执行【保存项目(Save Project As)】命令。

执行保存文件命令后，将会弹出保存文件对话框，选择存储路径后输入新文件名"触摸延时开关"进行保存。

同理，保存原理图文件与 PCB 文件，完成项目与文件的创建及保存后的【Projects】项目工作面板，如图 10-5 所示。

图 10-4　在项目中添加设计文件 　　　　　　图 10-5　创建及保存项目与文件后

[点拨]

本步骤也可采用下面的方法：先创建原理图文件与 PCB 文件，后创建项目，然后将原理图文件与 PCB 文件添加到项目中。

第一步：运用上述创建原理图文件与 PCB 文件的方法，先创建原理图文件与 PCB 文件，创建后如图 10-6 所示。

第二步：执行创建项目命令后如图 10-7 所示。

图 10-6　创建文件 　　　　　　　　　　　　图 10-7　创建文件与项目

第三步：在【Project】项目工作面板中，选中 Sheet1.SchDoc 文件后，拖住鼠标左键不放，将其拖到 "PCB_Project1.PrjPCB" 项目文件下，即可完成将该原理图文件添加到项目文件的操作。同理，将 PCB1.PcbDoc 添加到该项目中。

第四步：保存项目及文件。

Protel 是以 Project 项目为中心的设计环境，每个具体设计都可以看成是一个项目(类型为 *.PrjPCB)，项目中包含与该设计相关联的各种文件如原理图文件(类型为 *.Schdoc)、印制电路板文件(类型为 *.Pcbdoc)、库文件(类型为 *.Schlib 原理图库文件与 *.Pcblib 印制电路板库文件)等，这些与该设计相关联的文件可以随便存储在任意目录中。项目对关联文件的管理仅包含这些文件的名称以及存储位置等信息，但不包含这些文件本身。这种项目管理形式，可以方便地访问不同存储目录下的相同项目设计文件。

如果只是进行一项单独的设计工作，如仅设计一张电路原理图或仅设计一张印制电路板图，可以不需创建任何项目，而直接创建文件，系统会把该文件作为自由文件来处理，在需要时随时将其加入项目中管理即可。

步骤 2：绘制原理图。

触摸延时开关电路如图 10-8 所示。

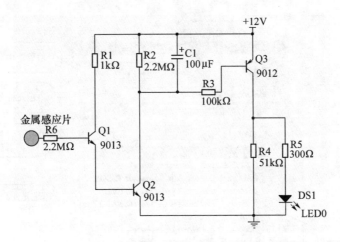

图 10-8　"触摸延时开关"电路

在【Projects】项目工作面板中，点击"触摸延时开关.SCHDOC"文件，即可打开原理图文件，进入原理图绘制界面环境，如图 10-9 所示。

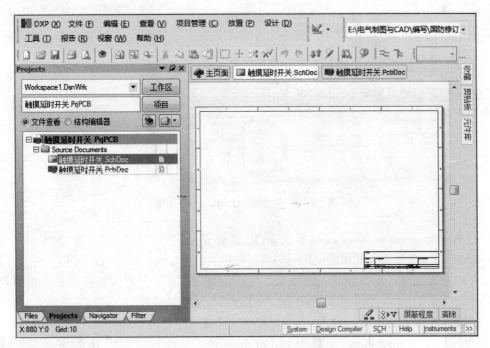

图 10-9　原理图绘制界面环境

(1) 放置元件。

Protel 具有丰富的元件集成库(文件类型为*IntLib)，几乎可以提供各种电路原理图中的元件，【元件库(Libraries)】面板是其重要的一个应用面板。

点击电路窗口右侧的【元件库(Libraries)】面板标签，打开元件库面板，如图 10-10 所示，元件库面板主要由当前元件库、查询条件输入栏也称过滤器栏、元件列表、元件原理图符号栏、元件封装模型栏组成。

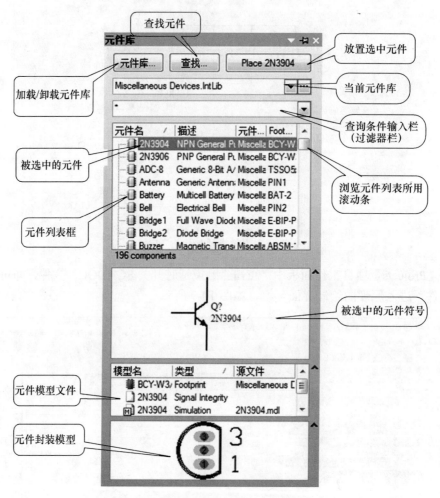

图 10-10　【元件库(Libraries)】面板

进入原理图绘制环境，系统会默认加载常用的元件库，一般 Miscellaneous Devices.IntLib(它包含了常用的电阻、电容、二极管、三极管、可控硅等常用元件)常用基本元件库为当前库，本操作项目所用元件均在该集成库中。打开元件库面板，系统会自动列出该库中的所有元件，同时显示元件的符号与元件封装模型。

打开【元件库(Libraries)】面板，下面是放置电阻元件的具体过程。

第一步：将 Miscellaneous Devices.IntLib 常用基本元件库作为当前库(系统默认该库为当前库，可不进行任何操作)。

102

第二步：拖动浏览元件列表所用滚动条，或按上下光标移动键，找到电阻元件，如图 10-11 所示。

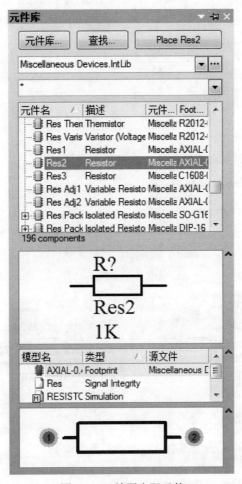

图 10-11 放置电阻元件

第三步：双击元件列表框中的电阻元件或点击【元件库(Libraries)】面板上的【Place Res2】按钮，元件库面板变成了透明状，同时光标变成了十字状，其上附着一电阻元件符号，此时每按一次"Space"空格键，元件将逆时针旋转 90°(在本操作项目中，先放置一竖直方向放置的电阻元件)，按"X"键元件将左右翻转，按"Y"键元件将上下翻转，按"Tab 键"可弹出电阻属性对话框，按如图 10-12 所示的属性进行设置(设置标识符为 R1，将注释 Res2 设置为"☐可视"隐藏，设置 Value 为 1K，即 1 kΩ)，修改完电阻属性后，点击【确认(OK)】按钮，退出属性设置对话框，然后拖动鼠标使光标移动到合适位置后，点击鼠标左键即可将电阻元件放置到电路窗口(按键盘上的"PgUp"键可将视图放大，按键盘上的"PgDn"键可将视图缩小)。

第四步：此时仍处于元件放置状态，光标上仍附着一电阻元件符号，继续放置本操作项目中的其他电阻元件，并作电阻元件的属性设置，放置后的电阻如图 10-13 所示。

第五步：点击右键，或按"Esc"键即可退出元件放置状态。

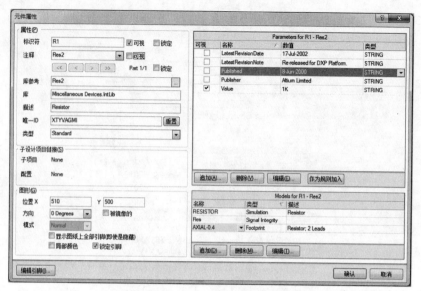

图 10-12 元件属性设置对话框

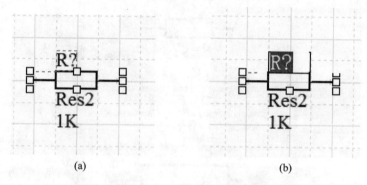

图 10-13 元件的手动编号

同理，放置其他电阻元件并进行属性设置。

[点拨]

每个设计电路中，元件的编号都不能重复即元件的标识符必须唯一。对于简单的设计电路可采用手动编号。手动编号可通过两种方式：

① 选中需编辑元件，然后双击，在弹出的元件属性对话框中，手动修改"元件标识符(Designator)"栏。

② 鼠标左键点击需编辑元件的标识符文本，如图10-13(a)所示，然后再次点击元件编号文本使其变为高亮状态，如图10-13(b)所示，表示可以进行修改，输入新的元件编号，修改完后在电路窗口的任意位置点击鼠标左键确认。

按图 10-14 所示，以同样的方法放置其他元件。电容值(Value)设置为 100 μF，注释(comment)隐藏；NPN 三极管的注释设置为 9013 并将其显示；PNP 三极管的注释设置为 9012 并将其显示；发光二极管 LED 的注释可设置为隐藏。放置完元件后的效果如图 10-15 所示(将元件放置在电路窗口的适当位置即可，没有严格的位置要求，之后还可再进行元件的位置与属性的编辑)。

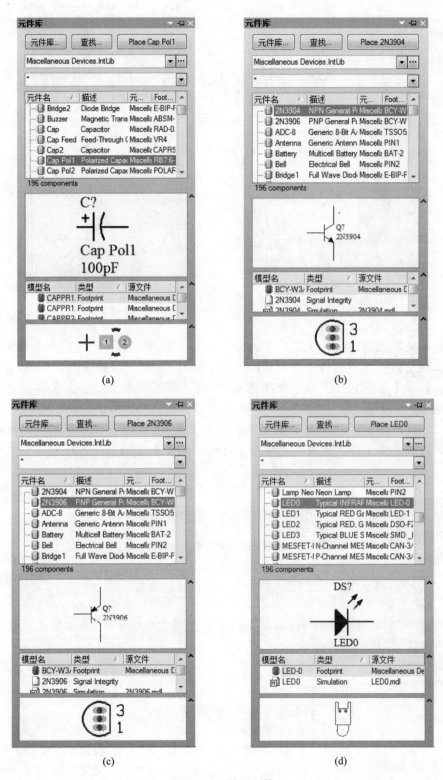

图 10-14　放置元件

(a) 放置电容；(b) 放置 NPN(9013)三极管；(c) 放置 PNP(9012)三极管；(d) 放置发光二极管 LED。

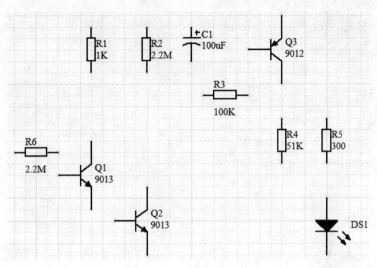

图 10-15　放置完元件效果图

[点拨]

　　另外，还可以通过执行【放置(Place)】→【元件(Part)】操作；或点击如图 10-16 所示工具栏中的 ▷ 放置元件命令图标；或在电路窗口右键弹出的快捷菜单中，执行【放置(Place)】→【元件(Part)】命令来放置元件，执行该命令操作后将弹出放置元件对话框，如图 10-17 所示，点击 ┉ 按钮，弹出浏览元件对话框，如图 10-18 所示(其用法与元件库工作面板相同)，选择需放置元件后点击【确认(OK)】按钮，即可退出浏览元件对话框而回到放置元件对话框，之后点击【确认(OK)】按钮，即可将所需元件放置到电路窗口中。

图 10-16　配线工具栏

图 10-17　放置元件对话框

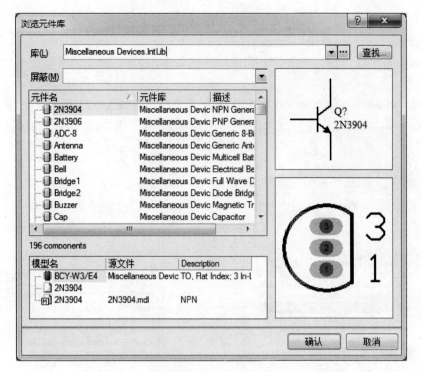

图 10-18　浏览元件对话框

在原理图绘制环境中，有一实用工具栏主要用于绘制原理图中的标注信息，对元件位置进行调整、排列，放置电源与地符号，放置电路中的常用元件等，实用工具栏如图10-19 所示。执行【查看(View)】→【工具栏(Toolbars)】→【实用工具(Utilities)】命令，可以将实用工具栏关闭或打开。

图 10-19　实用工具栏

放置电阻、电容、逻辑门电路及译码器等常用元件，可利用如图 10-20 所示的实用工具栏中的常用元件栏，进行常用元件的快速放置。

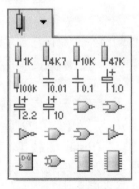

图 10-20　常用元件栏

(2) 放置电路连接接口器件。

本项目需放置触摸点接口与电源接口。

Miscellaneous Connectors.IntLib 为常用连接件库,包含了常用的连接件如并口、串口、电源接口等。

将 Miscellaneous Connectors.IntLib 作为当前库,按图 10-21 所示,放置触摸点接口(标识符设置为 P1,注释设置为触摸点并显示)与电源接口(标识符设置为 P2,注释设置为隐藏)。

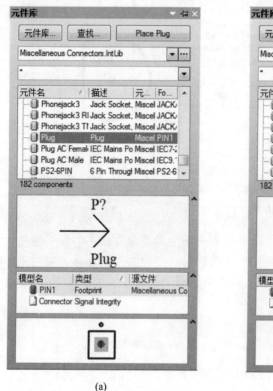 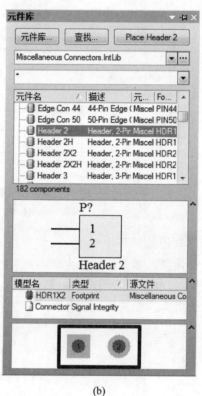

(a)   (b)

图 10-21　放置电路连接接口器件

(a) 放置触摸触点接口;(b) 放置电源接口。

[点拨]

本操作项目所用的元件集成库均为系统默认已加载库,若在操作过程中,发现所需库未加载,需先加载元件集成库,然后再将加载的库作为当前库,之后再放置元件。元件集成库的加载过程如下:

点击【元件库(Libraries)】面板上方的【元件库…(Libraries…)】按钮,即可弹出可用元件库对话框的【安装(Installed)】选项,如图 10-22 所示列出了系统自动加载的几个元件集成库。点击该对话框下方的【安装(Install)】按钮,即可弹出如图 10-23 所示的选择元件集成库文件对话框,该对话框中的库文件夹是以元件厂商来分类的,每个元器件厂商文件夹下又包含多种功能的元件集成库文件。

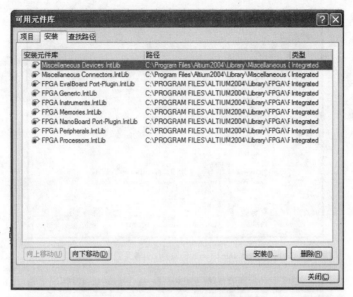

图 10-22 可用元件库对话框

图 10-23 选择库文件对话框

下面加载 ST 公司的 **ST Power Mgt Voltage Regulator.IntLib** 集成库，然后从集成库中调用 **LM78** 或 **LM79** 系列三端稳压集成元件。如图 10-24 所示找到该公司的库文件夹，然后在其文件夹下找到相应的集成库，如图 10-25 所示，点击【打开(Open)】按钮，退回到图 10-22 所示的对话框，该集成库被加载到可用元件库窗口中，如图 10-26 所示，点击【关闭(Close)】按钮，退回元件库面板，然后即可选用所需元件。

对于电路原理图中的某个元件来说，可以从多个厂家的元件集成库中选择，元件的选择可根据具体情况而定。

在电路原理图设计过程中，若加载的元件库过多，会影响系统运行的速度，也会影响元件的查找，对于不需要的元件库，可以将其从可用元件库中删除，如在图 10-26 中可先选择需删除的元件库，然后点击【删除(Remove)】按钮。

图 10-24　ST 公司的库文件夹

图 10-25　加载元件集成库对话框

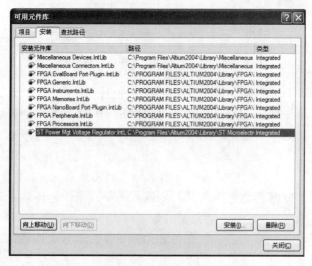

图 10-26　加载元件库后的可用元件库窗口

项目所用元件集成库在 Protel DXP 2004 安装程序文件夹下的 Libray 文件夹根目录下，若误操作将集成库删掉，可重新加载，然后再放置所需元件。

(3) 编辑元件。

放置完电路元件后，需对元件进行相应的编辑操作，下面介绍常用的元件编辑操作。熟悉下面的基本编辑操作，之后根据触摸电路原理图，对本操作项目的元件进行位置与属性的编辑。元件编辑后效果如图 10-27 所示。

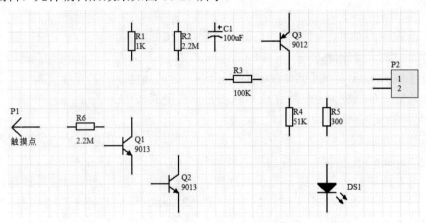

图 10-27　元件编辑后效果

① 元件的选择。

编辑元件前，首先要选中所需编辑元件，元件的选择有两种方法。

方法一：在元件符号上点击鼠标左键，即选中该元件，需选择多个元件时，按住 Shift 键，单个元件逐个选取，被选中元件的四周有四个绿色小矩形框。

方法二：从被选择元件的左上角，按住鼠标左键不放，拖动光标直到被选择元件的右下角，然后松开鼠标左键，拖出一矩形区域即可选中该矩形区域内的所有元件，多个元件的矩形框选过程如图 10-28 所示，选中后的元件如图 10-29 所示。

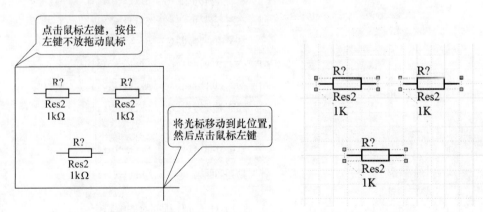

图 10-28　多个元件的矩形框选　　　　图 10-29　选中后的元件

② 元件的移动。

选中单个或多个需移动的元件，将鼠标左键放在元件被选中区域内，按住左键不放拖动元件到合适位置，然后松开鼠标左键即完成对元件的移动操作。

③ 元件的剪切、复制与粘贴。

Protel DXP Schematic Editor 使用与 Windows 操作系统的共享剪贴板，可方便用户在不同的应用程序之间剪切、复制与粘贴对象，可以将 Protel DXP 2004 中的原理图图元复制到 Word 文档和 PowerPoint 报告中。

元件的剪切、复制与粘贴操作，通常是通过快捷键来进行，其快捷键分别为"Ctrl+X"、"Ctrl+C"与"Ctrl+V"。

④ 删除元件。

选中需删除的对象，执行【编辑(Edit)】→【清除(Clear)】命令，或使用快捷键"Delete"，即可将所选中的元件删除。

执行【编辑(Edit)】→【删除(Delete)】命令，启动该命令后，光标变为十字状，连续点击欲删除的元件或图元，删除完成后点击鼠标右键或按"Esc"键，结束删除元件操作。

⑤ 元件的旋转或翻转。

此操作可在放置元件的过程中进行，也可在放置完元件后进行。在放置元件过程中，每按一次"Space"空格键，元件将逆时针旋转 90°，按"X"键左右翻转，按"Y"键上下翻转；若在放置完元件后进行元件的旋转或翻转操作，需先选中欲旋转或翻转的元件(可以是单个元件也可是多个元件)，按住鼠标左键拖动元件使其处于活动状态，然后利用相应的快捷方式进行操作。

⑥ 多个元件的对齐编辑。

对多个元件进行对齐编辑操作之前，需先选中欲编辑的元件，然后执行相应的对齐编辑。可通过实用工具栏中的【调准工具栏】(图 10-30)，或执行【编辑(Edit)】菜单→【排列(Align)】命令(如图 10-31 所示，每个命令的右侧有其快捷方式)，来进行元件的各种对齐排列编辑，如左右上下对齐、水平或垂直均布排列等。

图 10-30　调准工具栏

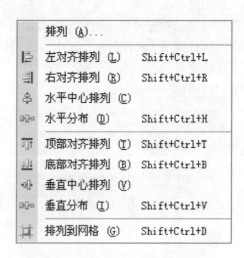

图 10-31　元件排列对齐编辑命令

[点拨]

在电路设计中利用快捷键，可以大大提高设计速度。执行【查看(View)】→【工具栏(Toolbars)】→【用户自定义(Customize)】命令后，弹出自定义工具栏对话框，勾选复选框【原理图快捷键(Schematic Shortcuts)】与【原理图交互式快捷键(SCH Interactive Shortcuts)】，即可打开原理图编辑环境下的原理图快捷键与原理图交互式快捷键(在命令操作过程中所用到的快捷键)。另外，部分菜单项后面，也有相应命令的快捷方式。常用的原理图快捷键如表 10-1 所示。

表 10-1　绘制原理图常用的快捷键

原理图快捷键		原理图交互式快捷键	
操作命令	快捷键	操作命令	快捷键
放大	PgUp	帮助	F1
缩小	PgDn	旋转	Space
更新	End	参照 X 轴翻转	X
原点	Ctrl+Home	参照 Y 轴翻转	Y
中心定位显示	Home	通过对话框改变(属性)	Tab
全屏显示	Alt+F5	中断任务或命令	Esc
清除	Delete	完成任务	Enter

(4) 连接电路。

放置完元件后，可进行元件之间的连接操作。表示元件之间的连接有以下两种方法。

① 放置【导线(Wire)】连接。

导线是指元件电气连接点之间的连线。执行放置导线命令有四种方法。

方法一：点击配线工具栏中的 ≈ 放置导线按钮，进入导线绘制状态。

方法二：执行【放置(Place)】→【导线(Wire)】命令。

方法三：在电路窗口，右键弹出的快捷菜单中执行【放置(Place)】→【导线(Wire)】命令。

方法四：利用快捷键"P+W"。

进入导线绘制状态后，光标变成十字状，光标中心为"X"，其具体过程如下：

(a) 拖动鼠标使光标移动到元件的引脚端及元件的电气连接点时，光标中心的"X"将会变大变红，表示导线的端点与元件引脚的电气连接点可以正确连接，此时点击鼠标左键，导线的起点将与元件的引脚连接在一起。

(b) 拖动鼠标在导线的起点与光标之间会出现一条线，这就是要放置的导线，将光标移动到要连接的元件引脚端，点击鼠标左键，这两个引脚端将被导线连接在一起了。导线放置的方向默认为水平或垂直方向，若要改变导线的连接方向，在转折点上点击鼠标左键，随后即可继续放置导线，导线绘制过程如图 10-32 所示。

(c) 绘制完第一条导线后，此时仍处于导线绘制状态，可继续绘制导线，若需退出导线绘制状态可点击鼠标右键或按"Esc"键。

② 放置相同名称的【网络标签(Net Label)】连接。

电路原理图中，彼此连接在一起的元件引脚称为网络 Net。网络名称是一个电气连接点，同一个电路原理图中，相同名称的网络标签表示在电气意义上是连接在一起的。网络标签的用途是将两个或两个以上没有相互连接的网络命名为相同的网络名称，使它们在电气意义上属于同一个网络。放置网络标签有四种方法。

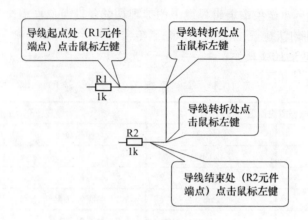

图 10-32 导线的绘制过程

方法一：点击配线工具栏中的 ![Net] 放置网络标签按钮，进入网络标签放置状态。

方法二：执行【放置(Place)】→【网络标签(Net Label)】命令。

方法三：在电路窗口，在右键弹出的快捷菜单中执行【放置(Place)】→【网络标签(Net Label)】命令。

方法四：利用快捷键"P+N"。

进入网络标签放置状态后，光标变为十字状，其上附着上一次使用的网络标签，按"Tab"键，即可弹出网络标签属性设置对话框，(图 10-33)，即可进行网络标签名称的修改，设置完网络标签属性后，点击【确认(OK)】按钮，拖动鼠标使光标移动到需放置网络标签的电气连接点上(如元件的引脚端点处)，点击鼠标左键即可完成网络标签的放置。

图 10-33 网络标签属性设置对话框

每个设计电路都离不开供电电源。放置电源与接地符号可通过如图 10-34 所示的电源和接地符号工具栏(电源值的大小可通过修改电源的属性进行设置),也可点击配线工具栏中的放置电源与接地图标 与 ，或通过【放置(Place)】菜单执行电源与接地符号的放置。完成导线连接后的效果如图 10-35 所示。电源与接口 P2 的连接是通过网络标签连接的，其他的线路采用导线连接。

	放置GND端口
	放置VCC电源端口
	放置+12电源端口
	放置+5电源端口
	放置-5电源端口
	放置箭头状电源端口
	放置波形电源端口
	放置条状电源端口
	放置圆形电源端口
	放置接地信号电源端口
	放置地电源段口

图 10-34　放置电源与接地标记

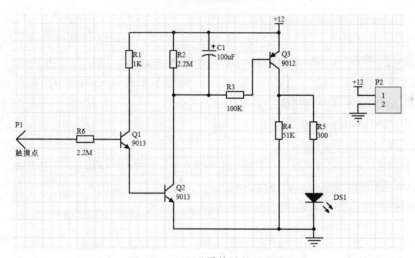

图 10-35　完成导线连接效果图

(5) 检查电路连接。

Protel 提供了详细的电路设计规则检查功能，可对电路原理图进行电气特性查错，以排除设计过程中产生的设计疏忽和错误。

设计完项目工程电路原理图后，对电路原理图电气规则检查的过程如下。

第一步：进行电气规则设置。

设置要检查的电气规则，点击【项目管理(Project)】→【项目管理选项(Project Options)】，弹出项目管理选项对话框(图 10-36)。分别点击前五个选项卡图面中的【设置为默认(Set to Defaults)】按钮，将其设置为系统默认的规则，然后点击【确认(OK)】按钮退出电气规则设置对话框。

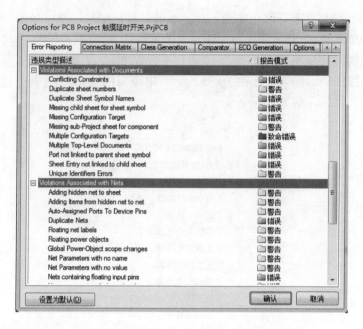

图 10-36　项目管理选项对话框

第二步：进行电气规则检查。

设置好电气规则后，就可以进行电气规则检查了，也称项目编译查错。执行【项目管理(Project)】→【Compile Document...】编译原理图命令，或执行【Projects】项目工作面板中的【项目(Project)】→【Compile Document...】编译原理图命令，根据设置的电气规则对电路原理图进行电气规则检查。

第三步：查看 Messages 信息窗口。

如果编译时查出有电路设计错误或警告，将显示在 Messages 信息窗口。鼠标左键点击标签栏中的【System】(系统)→【Messages】(信息)(图 10-37)，打开信息窗口，查看原理图是否存在错误或警告信息。若存在错误，则需根据错误提示修改原理图，之后再次进行编译检查，看是否仍存在错误或警告信息，当然有些错误或警告信息是可以忽略的。

图 10-37　通过标签栏打开 Messages 信息窗口

进行电气规则检查后的信息窗口如图 10-38 所示，说明绘制的原理图没有电气规则错误。

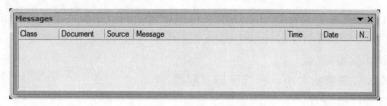

图 10-38 电气规则检查后的信息窗口

[点拨]

进行完电气规则检查，可根据信息窗口的提示，进行电路修改。当电路中出现相同的元件标识符、未连接的导线等情况时，均会出现电路规则错误提示。

若对电路进行完电气规则检查后，信息窗口出现如图 10-39 所示的提示：Unconnected line(有未连接的线路)；Duplicate Component Designators(有重复的元件标识符 R1，在电路图中也可看到重复标识符的元件下方有红色波浪线标记)。双击错误提示，即可回到电路绘制窗口，改后，再次执行电气规则检查，直到信息窗口无错误提示(有时也需根据电路的具体情况做分析，有些错误是可以忽略的)。

图 10-39 有错误提示的信息窗口

步骤 3： 绘制 PCB 板。

在【Projects】项目工作面板中，点击"触摸延时开关.PCBDOC"文件，即可打开 PCB 印制电路板文件，进入 PCB 绘制界面环境，如图 10-40 所示。

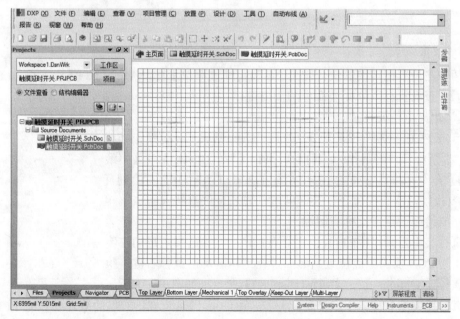

图 10-40 PCB 绘制界面环境

进入 PCB 环境后，系统默认显示的网格区域为印制电路板大小，其边界为印制电路板的物理边界，实际需创建的印制电路板尺寸往往与系统默认的电路板大小不一致。

(1) 设计印刷电路板尺寸。

设置 PCB 板的形状大小、布线区域及层数。

① PCB 板环境设置。

执行【设计(Design)】→【PCB 板选择项(Board Options)】命令，将弹出 PCB 板选择项对话框(系统默认的测量单位是英制，创建的 PCB 长*宽为 10000mil*8000mil，1000mil=25.4mm)，将测量单位设置为"Metric(公制)"，其余参数不用设置，勾选"图纸位置"区域中的"显示图纸"复选项，之后点击【确认(OK)】按钮。重复执行上述命令，再次打开如图 10-41 所示的 PCB 板选择项对话框，看到其他参数项都变为公制单位。在 PCB 绘制界面环境的左下角可看到坐标值变为了公制单位 mm。

图 10-41　PCB 板选择项对话框

两种测量单位转换的快捷键为"Q"(可通过菜单【查看(View)】→【切换单位(Toggle Units)】，查看执行单位变换命令的快捷键)。

② 定义电路板尺寸。

点击 PCB 绘制界面环境下方的 "Keep-Out Layer(禁止布线层)" 板层标签，将其作为当前层，执行【放置(Place)】→【直线(Line)】命令；或点击如图 10-42 所示的实用工具栏中的 ╱ 绘制直线命令(执行四次直线命令)，绘制四段任意长度的直线段组成一矩形，完成绘制后点击鼠标右键退出。

执行实用工具栏中的 ⊗(设定原点)命令，点击选择矩形的左下角点作为 PCB 板的原点位置。然后，在工作区单击鼠标右键，执行【选择项(Options)】→【显示(Display)】命令，如图 10-43 所示在弹出的环境设置窗口中，设置【原点标记(Origin Marker)】有效，即可看到原点标记显示在工作窗口中。

图 10-42　实用工具栏

118

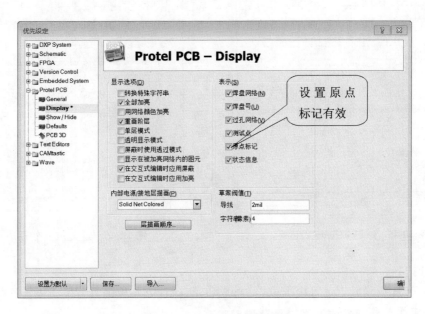

图 10-43 PCB 显示环境设置

双击矩形的底边打开其属性对话框如图 10-44 所示，设置其结束坐标为"X:40mm，Y:0mm"，即可得到一条水平方向长为 40mm 的直线段。根据 PCB 板的尺寸，可知矩形四个顶点的坐标为(0，0)，(40，0)，(40，40)，(0，40)，设置矩形各条边的开始点与结束点的坐标，如图 10-45 所示，即可绘制出 PCB 板的电气边界(用来限定布线和放置元件的范围)。

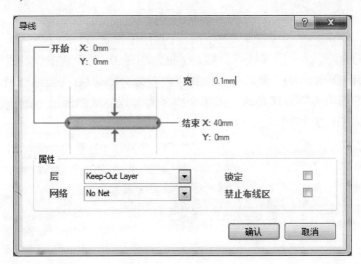

图 10-44 直线属性设置窗口

执行【设计(Design)】→【PCB 板形状(Board Shape)】→【重新定义 PCB 板形状(Redefine Board Shape)】命令，工作区变成绿色，移动光标在矩形区域的每个角点击鼠标左键，形成一封闭区域后，点击右键退出，即可设置 PCB 板的物理边界如图 10-46 所示。

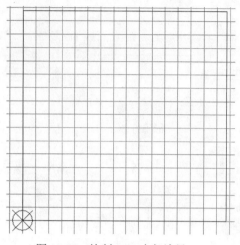

图 10-45　绘制 PCB 电气边界

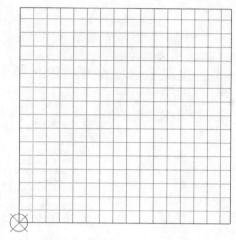

图 10-46　定义 PCB 物理边界

[点拨]

进行 PCB 板设计时，可根据电路的大小初步估计电路板的尺寸，或根据已有与电路板相关的电子产品的外壳来确定电路板的尺寸。

物理边界是指电路板的外形边界，在制板时用 Mechanical Layer(机械层)来规范；电气边界用来限定布线和放置元件的范围，是通过在 Keepout Layer(禁止布线层)绘制边界来实现的。一般情况下，物理边界与电气边界取得一样时，就可用电气边界来代替物理边界。

若没有在 Keepout Layer(禁止布线层)定义电气边界，在之后可通过设置所绘制图形的层属性来改变其所在层，无需删除重新绘制。

③ 板层设置。

本操作任务电路较简单，因此将其设计为单面板。

在电路窗口右键弹出的快捷菜单中，执行【选项(Options)】→【板层堆栈管理器(Layer Stack Manager)】命令，弹出层堆栈管理器对话框，如图 10-47 所示在该对话框中勾选 "底部绝缘体(Bottom Dielectric)" 复选框，设置电路板为有阻焊层(此层涂有阻焊膜，焊接电路板时为了适应波峰焊等焊接形式，要求在板子上非焊盘处的铜箔不能粘锡)的单面板，然后点击【确认(OK)】按钮。

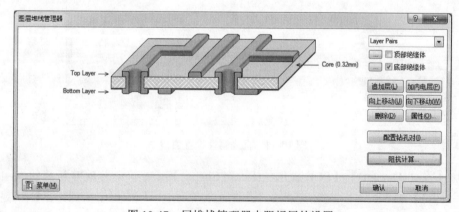

图 10-47　层堆栈管理器中阻焊层的设置

[点拨]

设计 PCB 板时，需根据设计电路的复杂程度，来决定电路板的层数。

电路板根据其结构可分为单面板(Signal Layer PCB)、双面板(Double Layer PCB)与多层板(MultiLayer PCB)。

电路板的最佳形状为矩形，长宽比为 3:2 或 4:3。电路板尺寸大于 200mm×150mm时，应考虑电路板所受的机械强度。PCB 设计应根据具体电路需要确定其尺寸大小，其尺寸设计不宜过大也不宜过小。尺寸过大印制导线长，阻抗增加，抗噪声能力下降，成本也增加；尺寸过小则散热不好，且邻近导线易受干扰。

① 单面板。

单面板是只有一面有敷铜，另一面没有敷铜的电路板，只能在它敷铜的一面布线和焊接。单面板结构简单，制作成本低，但对于较复杂的电路，由于只能在一面布线，所以其布线难度很大，布通率往往较低，因此一般只适用于比较简单的电路。

② 双面板。

双面板两面都有敷铜，两面都可以布线，设计时一面定义为顶层(Top Layer)，一面定义为底层(Bottom Layer)，两层的布线通过过孔连接在一起，一般在顶层布置元件，在底层焊接。相对于多层板来说，双面板的制作成本不高。

③ 多层板。

多层板是包含多个工作层的电路板，除了有顶层和底层之外还有中间层。最简单的多层板为 4 层板，顶层和底层中间加上了电源层与地线层，电源层与地线层由整片铜膜构成，通过这样处理后，可以极大程度地解决电磁干扰问题，提高系统的可靠性，缩小PCB 的面积。一般多层板的制作成本较高。

(2) 原理图与 PCB 信息转换。

在触摸延时开关.SchDoc 原理图环境中，执行【设计(Design)】→【Update PCB Document 触摸延时开关.PcbDoc】命令，打开如图 10-48 所示的工程变化订单(Engineering Change Order，ECO)对话框。

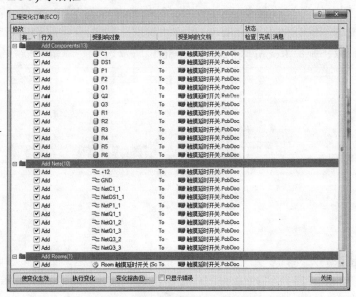

图 10-48　工程变化订单对话框

121

点击【执行变化(Execute Changes)】按钮，应用所有已选择的更新，如图 10-49 所示对话框中的"检查(Check)"和"完成(Done)"列将显示检查更新和执行更新后的结果。如果有错误就会显示"×"符号(一般情况多是因为找不到元件的封装而报错，只要返回元件库面板将该元件所在的库加载进来即可)，则相关的元件信息将不会被转换到 PCB 中；若全显示为√，则原理图中的所有元件及元件的连接关系信息将会被全部转换到 PCB 中。

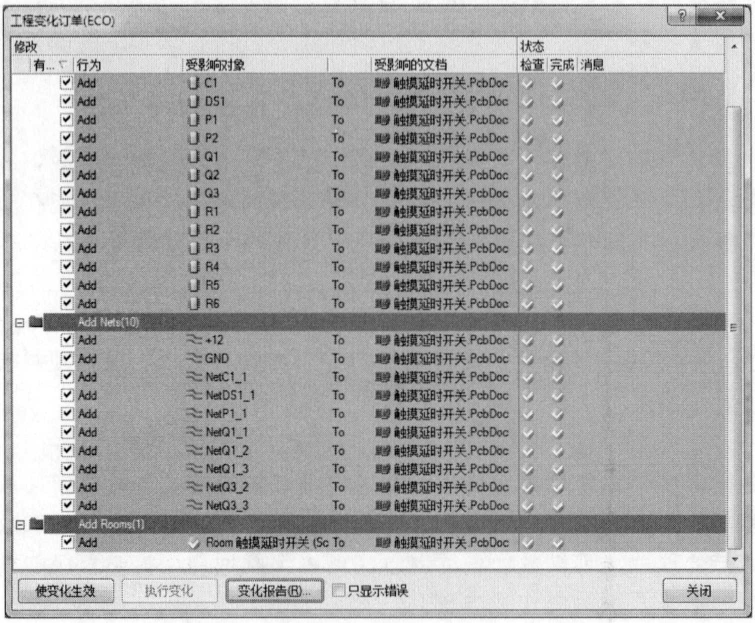

图 10-49　执行变化后的工程变化订单对话框

点击【关闭(Close)】关闭工程变化订单对话框，系统会自动打开"触摸延时开关.PcbDoc"文件，在 PCB 文件的禁止布线区域右侧已显示原理图中的所有元件和元件连接关系，并且所有信息被放置在了一个名为"触摸延时开关"的 Room 区内，如图 10-50(a)所示，通常情况下不需要使用 Room，可以点击鼠标左键选中 Room 区后，按"Delete"键将 Room 区删掉，删掉 Room 区后如图 10-50(b)所示。

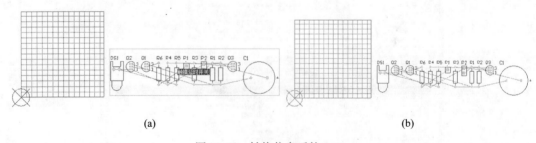

(a)　　　　　　　　　　　　　　(b)

图 10-50　转换信息后的 PCB

完成信息转换后元器件以元件封装的形式显示，元器件之间的连接暂时以飞线(飞线是将电路原理图的信息转换到 PCB 过程中出现的预拉线，只是形式上表示元件之间的连接关系，并没有实际的电气连接意义)指示。

122

[点拨]

　　元件封装是指实际的电子元件焊接到电路板时所指示的元件轮廓及焊点位置，它包括元件的外形尺寸、管脚的直径及管脚之间的距离等参数。元件封装只是一个空间概念，不同的元件可以有相同的封装，同一个元件也可以有不同的封装。因此，在 PCB 设计时，不仅要确认元件的型号，还要确认元件所采用的封装。

　　元件的封装形式很多，按照焊接方式可分为针脚式与表面粘着式 SMT 两大类。焊接针脚式封装的元件时，先要将元件的管脚插入焊盘通孔中，然后再焊锡，由于焊点导孔贯穿整个电路板，因此其焊盘至少占用两层电路板；表面粘着式封装的元件焊盘只限于表面板层及顶层或底层，采用此种封装形式的元件占用板上的空间小，不影响其他层的布线，一般引脚较多的元件多采用此种封装形式，但其手工焊接难度比较大，多用于批量机器生产。

　　焊盘是在电路板上为固定元件引脚，并使元件引脚和导线导通而加工的特殊形状的铜膜，其形状一般有圆形(Round)、方形(Rectangle)、八角形(Octagonal)三种。用于固定针脚式封装元件的焊盘有孔径尺寸(Hole Size)与焊盘大小两个参数；用于表面粘着式封装元件的焊盘常采用方形焊盘。

　　常见的元件封装命名原则为：元件封装类型+焊盘距离或焊盘数+元件外形尺寸。可根据元件的封装名称来判断元件的规格，通过元件库面板打开基本元件封装库 Miscellaneous Devices.IntLib【Footprint View】，查看其中的各种封装。

　　图 10-51 所示为电阻的两种常用封装模型，图 10-51(a)封装为 AXIAL-0.3，表示此电阻元件为轴状封装，两焊盘间距为 0.3 英寸(300mil=0.3*25.4mm)；图 10-51(b)封装为 CC1005-0402，表示此电阻元件为表面粘着式封装，其焊盘的长为 0.04 英寸(1.0mm)，宽为 0.02 英寸(0.5mm)，其中 1005 为公制单位对应尺寸，0402 为英制单位对应尺寸。

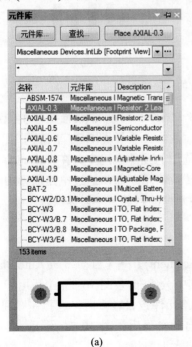

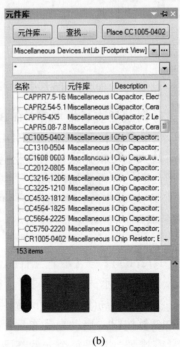

(a) 　　　　　　　　　　　　　　(b)

图 10-51　电阻的封装模型

图 10-52 所示为集成芯片的两种常用封装模型，图 10-52(a)封装为 DIP-8，表示此元件为双列直插式的 8 引脚封装；图 10-52(b)封装为 SO-G8，表示此元件为表面粘着式的 8 引脚封装。

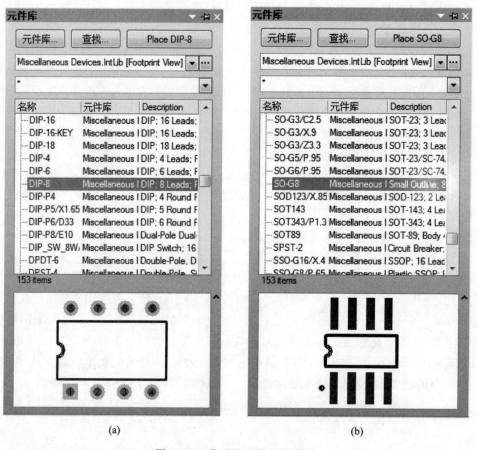

图 10-52　集成芯片的封装模型

常用的元件封装还有极性电容类(RB5-10.5 ~ RB7.6-15)、非极性电容类(RAD-0.1 ~ RAD-0.4)、二极管类(DIODE-0.5 ~ DIODE-0.7)、晶体三极管类(BCY-W3)等。

元件的封装大小可根据设计电路及电路所选用的元件来确定。在转换完信息后，若元件的封装不合适，可再次加以修改；也可在转换信息之前，通过电路原理中元件的属性(Footprint 封装)加以修改，本操作任务中，各元件的封装暂不做修改。

(3) 元件布局。

① 自动布局。

执行【工具(Tools)】→【放置元件(Auto Placement)】→【自动布局(Auto Placer)】命令，打开如图 10-53 所示的自动布局对话框，其中分组布局(图 10-53(a))适用于电路元件数目较少时，统计式布局(图 10-53(b))适用于电路元件数目较多时，选择完布局方式后，点击【确认(OK)】按钮，启动自动布局，完成自动布局后如图 10-54 所示，可以发现，所有的元件紧密排列，几乎每个元件都因为距离太近，以绿色作了标记，这种布局显然是不合理的，需要进一步手动调整布局。

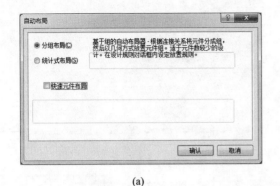

(a)   (b)

图 10-53   自动布局对话框

执行【工具(Tools)】→【放置元件(Auto Placement)】→【设置推挤深度(Shove Depth)】命令，弹出推挤深度设置对话框，如图 10-55 所示设置为 10(10 个单位推挤深度，公制单位 10mm)。

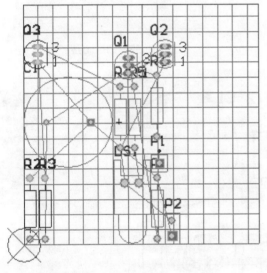

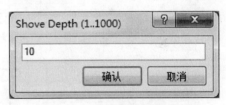

图 10-54   自动布局后的 PCB 板   图 10-55   推挤深度设置对话框

执行【工具(Tools)】→【放置元件(Auto Placement)】→【推挤(Shove)】命令，在放置的元件中间点击左键，即可看到聚集在一起的元件被推开了，效果如图 10-56 所示。

② 手动布局。

使用自动布局后，还需根据电路原理图中信号的流向以及元件布局的原则进行元件布局调整。其方法如下：

选中需调整的元件，按住鼠标左键不放，拖动光标到合适位置后点击左键确定，在拖动元件的过程中可以按"Space"空格键、"X"键或"Y"键改变元件的放置方向，放置元件后，可单独对元件标识符如 R1 等进行方向编辑。

手动布局中元件的对齐操作，可利用如图 10-57 所示的调准工具，先选择需对齐调准的元件，然后执行相应命令(左对齐、右对齐、上对齐、下对齐、水平等距排列、垂直等距排列等命令)。在放置元件的过程中，注意观察元件之间的连接关系，在考虑信号流向的同时，尽量使其连接距离短。手动布局效果可参考图 10-58 所示。

125

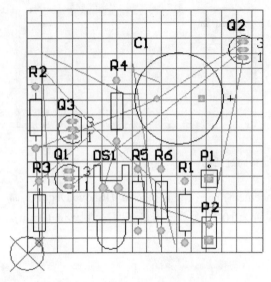

图 10-56　推挤后的元件布局图

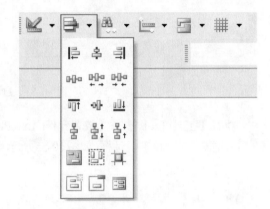

图 10-57　调准工具

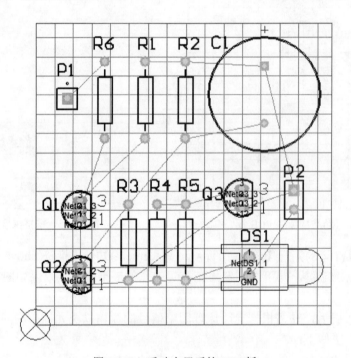

图 10-58　手动布局后的 PCB 板

[点拨]

完成将原理图的信息转换到 PCB 文件后，需对电路元件进行布局，布局方式有交互式布局即手动布局和自动布局两种方式。Protel 提供了自动布局方式，但自动布局的效果往往不是很理想，在对元件进行布局时，常采用手动布局和自动布局相结合的布局方式。可以先采用手动布局方式对特殊或核心元件进行布局，然后对其余组件

126

采用自动布局。

(a) 布局主要应遵循的原则:

● 按照信号的流向安排各个功能电路单元的位置,使布局便于信号流通,并使信号尽可能保持一致方向。易受干扰的元器件不能相互离得太近,输入和输出组件应尽量远离。

● 以每个功能电路的核心元件为中心,围绕它来进行布局。元器件应均匀、整齐、紧凑地排列,尽量减少和缩短各元器件之间的引线和连接。

● 对于高频电路,要考虑元器件之间的分布参数。一般电路应尽可能使元器件平行排列。这样,不但美观,而且装焊容易,易于批量生产。

● 位于电路板边缘的元器件,离电路板边缘一般不小于2mm。

(b) 对特殊组件的处理原则:

● 带高电压的元器件应尽量布置在调试时手不易触及的地方。

● 重量超过15g的元器件,应当用支架加以固定,然后焊接。那些又大又重、发热量大的元器件,不宜装在印制板上,而应装在整机的机箱底板上,且应考虑散热问题。热敏组件应远离发热组件。

● 对于电位器、可调电感线圈、可变电容器、微动开关等可调组件的布局应考虑整机的结构要求。若是机内调节,应放在印制板上便于调节的地方;若是机外调节,其位置要与调节旋钮在机箱面板上的位置相适应。应留出印制板定位孔及固定支架所占用的位置。

(4) 元件布线。

进行元件布局后,可进行元件布线。

① 布线规则设置。

执行【设计(Design)】→【规则(Rules)】命令;或在电路窗口右键弹出的快捷菜单中,执行【设计(Design)】→【规则(Rules)】命令,打开PCB设计规则设置对话框。将Routing布线规则展开,布线的宽度设计规则中需添加"地线规则",鼠标左键点击布线宽度的"Width"规则,然后点击右键,在弹出的菜单中选择"新建规则"(图10-59),即可添加一布线宽度规则,如图10-60所示将其命名为"GND",并选择其匹配的网络为"GND"网络,将其布线宽度设置为"1mm"。同理,添加"+12V"网络布线规则,将其设置为"0.6mm"。其他信号线宽度设置为0.3mm。

图10-59　新建布线宽度规则

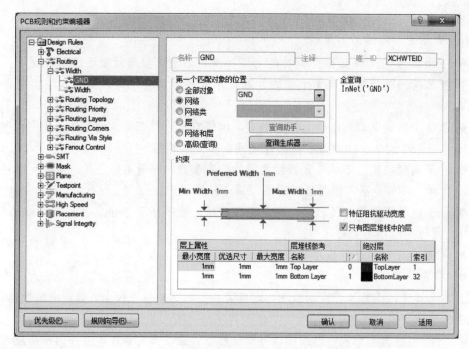

图 10-60 地线宽度规则设置

"Routing Topology"布线拓扑设计规则共有 7 种(图 10-61),各种拓扑规则如图 10-62 所示。"Shortest"即布线最短规则、"Horizontal"即水平方向布线最短规则、"Vertical"即垂直方向布线最短规则、"Daisy-Simple"即简单雏菊花规则(采用链式连通法则,从一点到另一点连通所有的节点,并使连线最短)、"Daisy-MidDriven"即雏菊花中点规则(选择一个源点,以它为中心向左右连通所有的节点,并使连线最短)、"Daisy-Balanced"即雏菊花平衡规则(选择一个源点,将所有的中间节点数目平均分成组,所有的组都连接在源点上,并使连线最短),以及和"Starburst"即星形规则(选择一个源点,以星形方式去连接其他节点,并使连线最短)。

图 10-61 布线拓扑规则

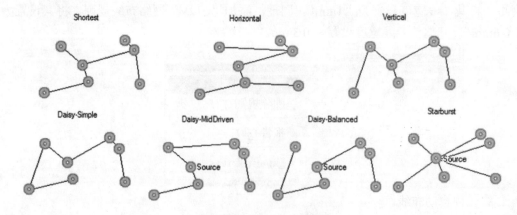

图 10-62 各种拓扑规则图

系统默认的"Routing Topology"布线拓扑设计规则为"Shortest"即布线最短规则，如图 10-63 所示。

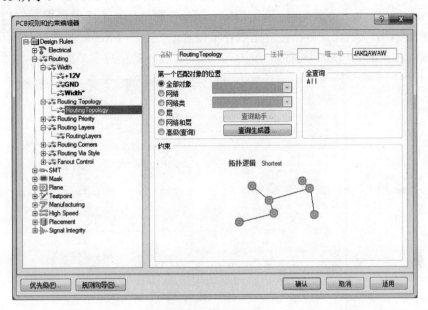

图 10-63　拓扑规则设置

"Routing Priority"布线的优先级设置，设置的范围为 0~100，数值越大，优先级越高。

"Routing Layers"布线板层的设置，如图 10-64 所示仅设置 Bottom Layer(底层)允许布线(本操作项目为单层板，因此仅设置底层允许布线)。

图 10-64　布线板层规则

② 元件自动布线。

执行【自动布线(Auto Route)】→【全部对象(All)】命令，弹出如图 10-65 所示的自动布线对话框，点击【编辑层方向(Edit Layer Direction)】按钮，弹出如图 10-66 所示的层方向对话框，可以设置该层导线的走线方向，系统默认顶层 Top Layer 走线方向为"Vertical"垂直，底层的走线方向为"Horizontal"水平；点击【编辑规则(Edit Rules)】按钮可弹出 PCB 规则设置对话框。完成各项设置后，点击【Route All】(布线全部)按钮，系统即按照相应的布线规则进行自动布线，自动布线时的信息窗口如图 10-67 所示。

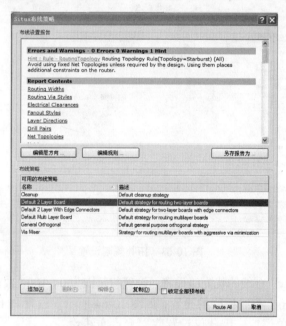

图 10-65　自动布线对话框

图 10-66　板层布线方向设置

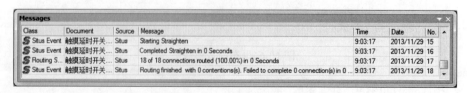

图 10-67　自动布线时的信息窗口

观察自动布线信息窗口，PCB 板的布通率为 100%。

自动布线后的 PCB 如图 10-68 所示，元件的布线均为蓝色，此颜色为系统默认设置。在 PCB 设计中，蓝色导线代表底层铜膜线，红色导线代表顶层铜膜线，本操作项目为单面板，因此仅显示为蓝色导线。

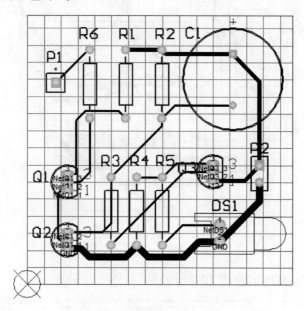

图 10-68 完成自动布线后的 PCB

铜膜导线是覆铜板经过加工后在 PCB 上的铜膜走线，也称导线，用于连接各个焊点，是印制电路板的重要组成部分。

③ 手动调整布线。

完成自动布线后，还需对不合理的布线进行修改。

如图 10-69 所示为取消布线的所有命令。观察布线结果，执行撤销网络布线命令，移动光标到需撤销布线的 NetQ3-2 网络上点击鼠标左键，撤销网络布线后的 PCB 如图 10-70 所示。撤销部分布线连接，也可选择该布线连接后按"Delete"键。

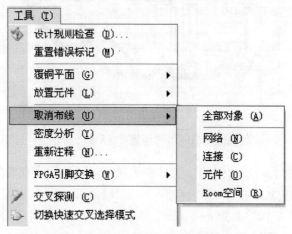

图 10-69 取消布线命令

131

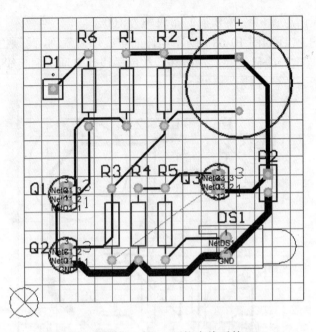

图 10-70　撤销 NetQ3-2 网络布线后的 PCB

手动调整布线后的 PCB 如图 10-71 所示。具体方法如下:

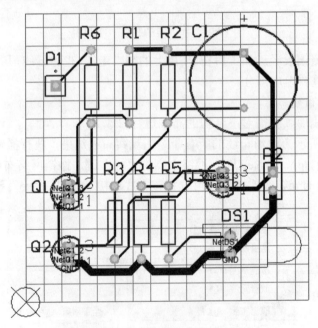

图 10-71　手动调整布线后的 PCB

配线工具栏如图 10-72 所示(若该工具栏未显示,可执行【查看(View)】→【工具栏
(Toolsbar)】→【配线(Wiring)】命令,将配线工具栏打开)。点击该工具栏中的 交互
式布线按钮,点击板层标签 Bottom Layer,将底层作为当前层修改 Q3-2 的连接线。需说
明的是也可对 PCB 采用纯手工布线。

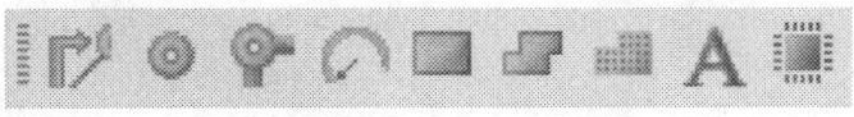

图 10-72　配线工具栏

执行交互式布线命令后，光标变为十字状，在不合理布线的起点(光标需捕捉到元件引脚焊盘上或需修改的布线上)点击鼠标左键，中间过程类似于原理图中的绘制导线命令，最后在不合理布线的终点双击鼠标左键，此时原先的不合理布线将被自动取消。

[点拨]

PCB 设计规则共包含 10 个规则类，如 "Electrical" 电气规则(系统默认焊盘与导线间的安全间距为 10mil)、"Routing" 布线规则、"SMT" SMT 元件规则、"Mask" 阻焊规则(系统默认阻焊层到焊盘间的延伸距离为 4mil)、"Plane" 内部电源层规则、"Testpoint" 测试点规则、"Manufacturing" 制造规则、"High Speed" 高速电路规则、"Placement" 布局规则(在印制电路板时，为避免导线、过孔、焊盘之间相互干扰，必须在它们之间留出一定的间隙即安全距离，元件之间的安全间距默认值为 10mil)、"Signal Integrity" 信号完整性规则。

"Routing" 布线规则共分为 7 个规则，如 "Width" 布线宽度规则、"Routing Topology" 布线拓扑设计规则、"Routing Priority" 布线优先级设计规则、"Routing Layers" 布线层设计规则、"Routing Corners" 导线转角设计规则、"Routing Via Style" 过孔设计规则、"Fanout Control" 扇出式布线设计规则。

由于电源、地线的考虑不周到而引起的干扰，会使产品的性能下降，对电源和地的布线采取一些措施降低电源和地线产生的噪声干扰，可采用如下方法：

尽量加宽电源、地线宽度，最好是地线比电源线宽。它们的宽度关系是：地线 > 电源线>信号线，通常信号线宽为：0.2 ~ 0.3mm，最细宽度可达 0.05 ~ 0 .07mm，电源线为1.2 ~ 2.5mm。

数字地与模拟地分开。若线路板上既有数字地又有模拟地，应使它们尽量分开。低频电路的地应尽量采用单点并联接地，实际布线有困难时可部分串联后再并联接地。高频电路宜采用多点串联接地，地线应短而粗。

执行自动布线后，若发现某些元件的布局不合理，也可先取消布线重新布局。调整完布局后，再次进行自动布线并手动调整不合理布线，使 PCB 板的布线更合理。

(5) 放置安装定位孔。

设计完的 PCB 最终要与电子产品外壳配合安装，因此需设计安装 PCB 的安装定位孔。具体操作如下：

点击配线工具栏中的 ◎ 放置焊盘命令；或通过【放置(Place)】→【焊盘(Pad)】菜单命令；或通过右键弹出的快捷菜单执行【放置(Place)】→【焊盘(Pad)】命令，将看到光标上附着一焊盘，分别在 PCB 板的四个角放置焊盘。分别设置四个焊盘的属性使其内径与外径大小相等，并设置其放置位置，如图 10-73 所示是 PCB 左下角焊盘的属性对话框，设置其内外径均为 2mm，位置 X:2mm；Y：2mm。

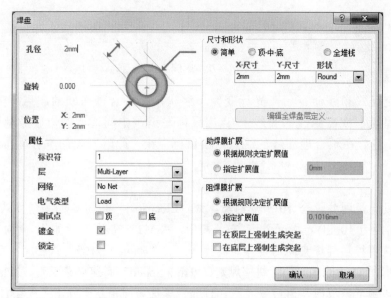

图 10-73 焊盘(安装定位孔)属性对话框

同理，设置其他三个焊盘的属性，使其直径为 2mm，距离 PCB 边缘 2mm。放置安装定位孔后的 PCB 如图 10-74 所示。

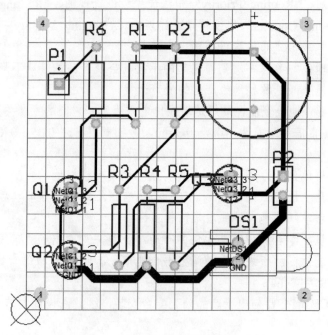

图 10-74 放置安装定位孔后的 PCB

步骤 4：PCB 的后处理。

(1) 补泪滴。

在印制电路板设计中，为了让焊盘更坚固，常在焊盘和导线之间用铜膜布置一个过渡区，形状像泪滴，常称为补泪滴，其主要作用是防止在钻孔时，焊盘与导线的接触点出现应力集中而使接触处断裂。

执行【工具(Tools)】→【泪滴焊盘(Teardrops)】命令，将弹出如图 10-75 所示的泪滴设置对话框，完成设置后点击【确认(OK)】按钮，执行补泪滴操作，补泪滴后的 PCB 板如图 10-76 所示。

图 10-75　泪滴设置对话框

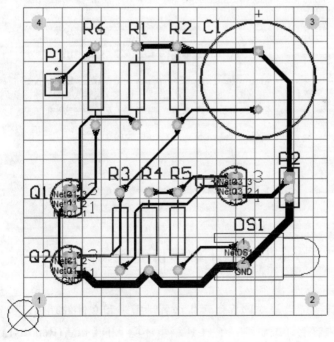

图 10-76　补泪滴后的 PCB 板

(2) PCB 设计规则检查。

印制电路板设计完成之后，为了保证所进行的设计工作符合所设置的设计规则，Protel 提供了设计规则检查 DRC(Design Rule Check)功能，来对 PCB 板的完整性进行检查。

执行【工具(Tools)】→【设计规则检查(Design Rule Check)】命令，弹出如图 10-77 所示的设计规则检查对话框，该对话框中的左侧为设计规则，右边为具体的设计内容。

设置完需要进行检查的规则后，点击【运行设计规则检查(Run Design Rule Check)】按钮，进入规则检查，系统产生 Messages 信息框，这里列出所有违犯规则的信息项，同时生成"触摸延时开关.DRC"设计规则检查报告，如图 10-78 所示。

图 10-77　设计规则检查对话框

```
Protel Design System Design Rule Check
PCB File : \电气制图与CAD\编写\国防修订\PCBWENJIAN\触摸延时开关.PcbDoc
Date    : 2013/11/29
Time    : 9:39:39

Processing Rule : Width Constraint (Min=0.6mm) (Max=0.6mm) (Preferred=0.6mm) (InNet('+12'))
Rule Violations :0

Processing Rule : Width Constraint (Min=1mm) (Max=1mm) (Preferred=1mm) (InNet('GND'))
Rule Violations :0

Processing Rule : Hole Size Constraint (Min=0.0254mm) (Max=2.54mm) (All)
Rule Violations :0

Processing Rule : Height Constraint (Min=0mm) (Max=25.4mm) (Prefered=12.7mm) (All)
Rule Violations :0

Processing Rule : Width Constraint (Min=0.3mm) (Max=0.3mm) (Preferred=0.3mm) (All)
Rule Violations :0

Processing Rule : Clearance Constraint (Gap=0.254mm) (All),(All)
Rule Violations :0

Processing Rule : Broken-Net Constraint ( (All) )
Rule Violations :0

Processing Rule : Short-Circuit Constraint (Allowed=No) (All),(All)
Rule Violations :0


Violations Detected : 0
Time Elapsed       : 00:00:00
```

图 10-78　"触摸延时开关.DRC"设计规则检查报告

(3) 各类信息报表输出。

Protel 对设计的项目或文档提供了生成各种报表和文件的功能，为设计者提供有关设计过程及设计内容的详细资料。在 PCB 编辑环境下的【报告(Reports)】菜单如图 10-79 所示，可以生成的报表文件有 PCB 板信息文件、元件清单报表文件 Bill of Materials(简称 BOM 表)等。

① 元件清单报表。

执行【报告(Reports)】→【Bill of Materials】(元件清单)命令，弹出如图 10-80 所示的元件清单报表设置对话框，然后点击【报告(Report)】按钮，打开如图 10-81 所示的元件清单报表预览窗口；点击【输出(Export)】按钮，可以将报表保存到指定位置，文件类型为*.xls。

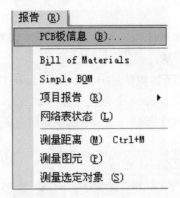

图 10-79 【报告(Reports)】菜单

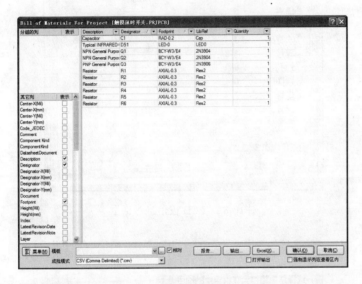

图 10-80 元件清单报表设置对话框

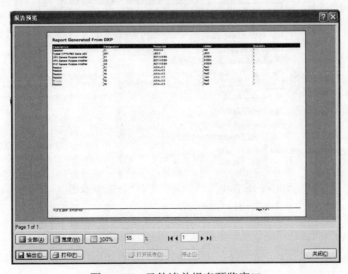

图 10-81 元件清单报表预览窗口

137

② 印制电路板信息报表。

印制电路板信息报表提供总体的印制电路板信息，包括元件数目、焊盘的数目、导线数目、印制电路板尺寸等信息。

执行【报告(Reports)】→【PCB 板信息(Board Information)】命令，弹出如图 10-82 所示的 PCB 板信息对话框；点击【报告(Report)】按钮，弹出如图 10-83 所示的电路板报告设置对话框，设置完后点击【报告(Report)】按钮，生成"触摸延时开关.REP"文件，如图 10-84 所示。

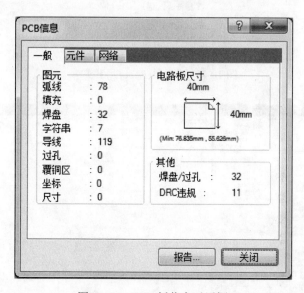

图 10-82　PCB 板信息对话框

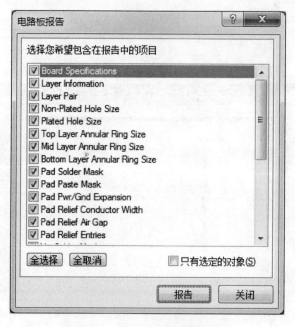

图 10-83　电路板报告设置对话框

```
Specifications For 触摸延时开关.PcbDoc
On 2014/7/27 at 0:47:39

Size of board            40 x 40 mm
Components on board      13

Layer              Route   Pads   Tracks   Fills   Arcs   Text
-------------------------------------------------------------
Bottom Layer          0     51       0       71      0
Mechanical 1          0      7       0        1      0
Top Overlay           0     57       0        6     33
Keep-Out Layer        0      4       0        0      0
Multi-Layer          32      0       0        0      0
-------------------------------------------------------------
Total                32    119       0       78     33


Layer Pair                  Vias
-------------------------------------------------------------

-------------------------------------------------------------
Total                        0


Non-Plated Hole Size   Pads   Vias
-------------------------------------------------------------

-------------------------------------------------------------
Total                   0      0


Plated Hole Size       Pads   Vias
-------------------------------------------------------------
0.7mm (27.559mil)       2      0
0.85mm (33.465mil)     12      0
0.9mm (35.433mil)       3      0
0.9mm (35.433mil)       9      0
```

图 10-84   "触摸延时开关.REP" 信息报告文件

③ PCB 项目输出。

完成了 PCB 项目设计后，Protel 提供了有关的项目输出资料，包括用于 PCB 板生产的光绘(Gerber)文件，数控钻孔用的(NC Drill)文件等。

[总结]

(1) 印制电路板的设计流程为：新建 PCB 设计项目→电路原理图设计→电路原理图规则检查→新建 PCB 文件→设置 PCB 工作环境→将原理图文件中的电路信息转换到 PCB 文档中→元件布局→元件布线→设计规则设置与检查→各类报表输出。

(2) 在进行交互式手动修改元件布线时，需注意布线的层的选择和切换，布线的宽度设置要根据实际电路确定。

[拓展练习]

10-1   绘制单管放大电路的原理图与 PCB 图。

绘制如图 10-85 所示单管放大电路的原理图与 PCB 图。

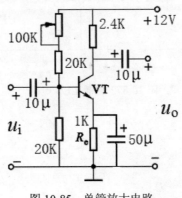

图 10-85   单管放大电路

[提示]

需考虑放置输入信号 u_i、输出信号 u_o 与 +12V 电源接口。

10-2　绘制双电源电路的原理图与 PCB 图。

绘制如图 10-86 所示双电源电路的原理图与 PCB 图。

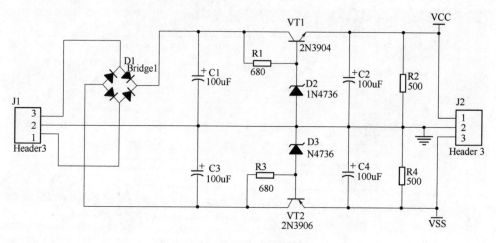

图 10-86　双电源电路

[提示]

十字交叉处放置节点的方法：执行【放置（Place）】→【手工放置节点（Manual Junction）】菜单命令；或右击快捷菜单执行放置节点命令，在图中十字交叉处放置节点。

10-3　绘制声控 LED 电路的原理图与 PCB 图。

绘制如图 10-87 所示声控 LED 电路的原理图与 PCB 图。

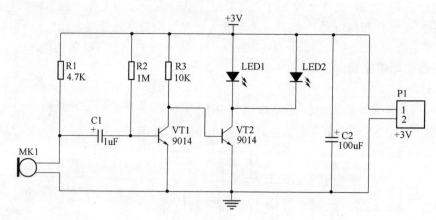

图 10-87　声控 LED 电路

[提示]

MK1 在基本元件库中。

实践操作项目 11 三角波发生器电路的印制电路板设计与制作

能 力 目 标

1. 会手动设置复合式元件的属性；
2. 会元件的导线连接与网络标签连接；
3. 会对元件进行自动编号；
4. 会进行印制电路板的布线规则设置；
5. 会进行敷铜与补泪滴操作。

【任务资讯】

三角波发生器电路在实践操作项目 5 已做电路仿真(本项目电路与实践操作项目 5 的电路功能相同，仅可调电位器的设置位置不同)，本项目将完成图 11-1 所示的三角波发生器电路的印制电路板的设计与制作。

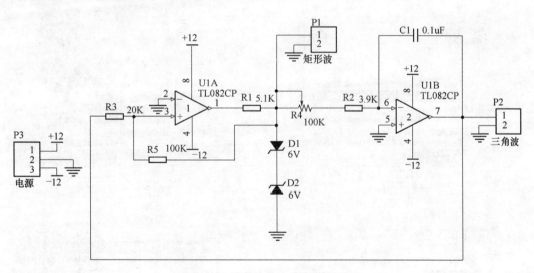

图 11-1   三角波发生器电路原理图

【任务实施】

步骤 1：创建文件并保存。

参考前一操作项目创建文件的方法，创建新的项目文件、原理图文件与 PCB 文件并保存。创建三个文件后的 Projects(项目)面板如图 11-2 所示。

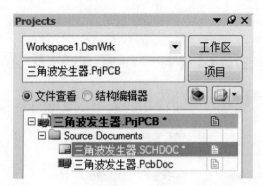

图 11-2 创建文件后的项目面板

步骤 2：绘制原理图。

(1) 放置并编辑元件属性。

本操作项目中 P1(矩形信号输出口)、P2(三角波信号输出口)与 P3(电源接口)为接口器件，所在库为 Miscellaneous Connectors.IntLib 连接件库；TL082CP 运算放大器所在的元件库为 NSC Operational Amplifier.IntLib；其余元件所在库为 Miscellaneous Devices.IntLib 基本元件库。

如图 11-3 所示放置电阻、电容、电位器与稳压二极管。

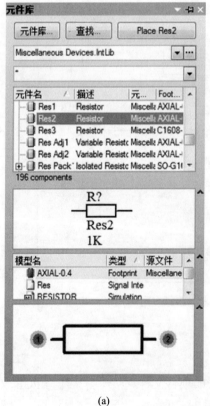

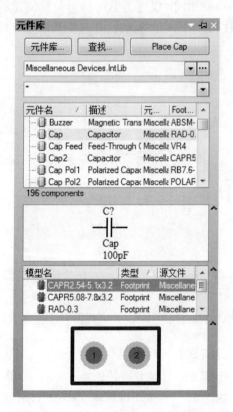

(a)   (b)

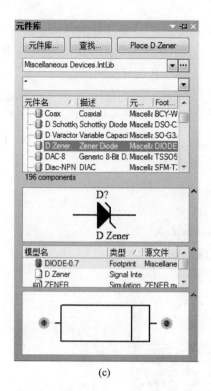

(c)

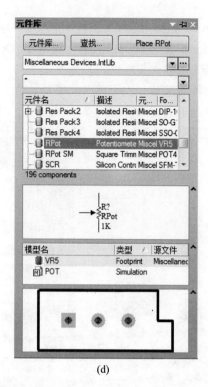

(d)

图 11-3　放置基本元件

(a) 放置电阻；(b) 放置电容；(c) 放置稳压二极管；(d) 放置电位器。

如图 11-4 所示放置接口器件。

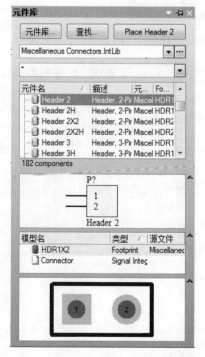

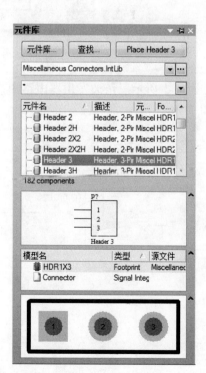

图 11-4　放置接口器件

Protel DXP 2004 具有丰富的元件库。TL082CP 运算放大器所在的集成库为 NSC Operational Amplifier.IntLib(也可用 TI Operational Amplifier.IntLib 集成库)。绘制原理图时，需先加载该集成库，然后从集成库中调用 TL082CP 运算放大器件。

元件库加载过程可参考实践操作项目 10 中的相关内容。

按图 11-5 所示放置运算放大器件，国标的运算放大器符号见附录 B。

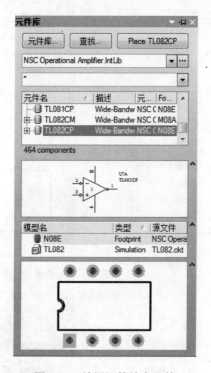

图 11-5　放置运算放大器件

按图 11-1 所示三角波发生器电路图设置各元件除标识符之外的元件属性，并编辑其位置(图 11-6)。

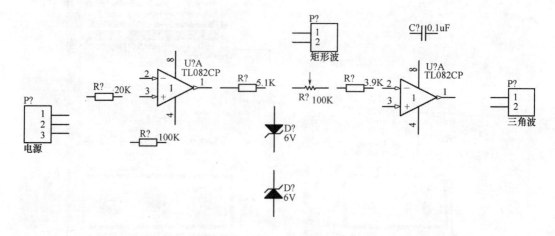

图 11-6　三角波发生器电路器件

[点拨]

对于电路原理图中的某些元件，如果不清楚其所在元件库，可以通过搜索元件的方法来查找。能否找到所需的元件,关键在于输入的查找规则设置是否正确，在元件名不确定的情况下，可以使用多个通配符以扩大元件查找范围。"*"为用于多个字符匹配的通配符，"? "为用于单个字符匹配的通配符，比如要查找元件"NE555P"，点击【元件库(Libraries)】面板左上角的【查找(Search)】按钮，弹出如图 11-7 所示的查找元件对话框，使用模糊查找法，在查找条件输入区，输入"*555*"后，选择查找范围为"路径中的库"，然后点击【查找(Search)】按钮开始查找，元件查询结果如图 11-8 所示。

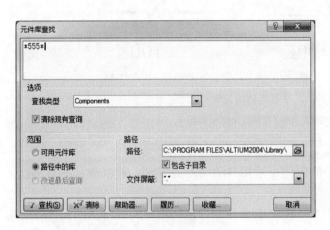

图 11-7　查找元件对话框

图 11-8　元件查找结果

(2) 完成三角波发生器电路。

放置电源与地，完成三角波发生器电路的连接，并对元件进行自动编号。

执行放置导线命令，按图 11-9 所示连接电路。

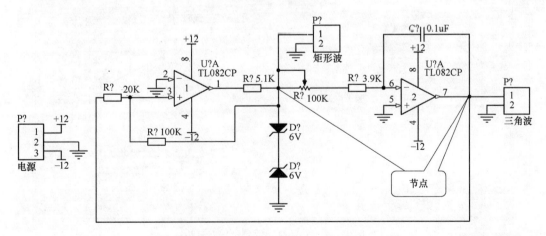

图 11-9　连接三角波发生器电路

145

图中放置节点的方法如下：执行【放置(Place)】→【手工放置节点(Manual Junction)】菜单命令；或右键单击快捷菜单执行放置节点命令，在图11-9中十字交叉处的相应位置放置节点。

[点拨]

本电路中所用电位器的符号与国标符号不一致，可通过自行创建原理图库文件的方法来创建电位器符号，原理图库文件的创建过程将在下一项目中介绍。

本操作项目在将电位器连接到电路之前，可先了解一下电位器的各个引脚。如图11-10所示，将光标放置到电位器的各个引脚，可知其引脚号分别为2、3、1。而在实际使用中，电位器的2(中间位置)引脚为可调端，1、3引脚为固定端。在本操作项目的连接中，需将2、3引脚相连。

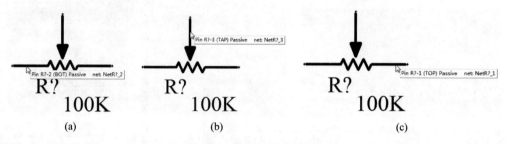

图 11-10　查看电位器元件引脚

(a) 2 引脚；(b) 3 引脚；(c) 1 引脚。

(3) 对元件自动编号。

对于复杂的设计电路，电路中的元件可采用自动编号的方法，效率高且不易出错。具体过程如下：

执行【工具(Tools)】→【注释(Annotate)】命令，弹出如图 11-11 所示的元件自动编号设置对话框。元件自动编号的顺序有四种处理方式：Up then across(先由下至上再由左至右)，Down then across(先由上至下再由左至右)，Across then up(先由左至右再由下至上)，Across then down(先由左至右再由上至下)。

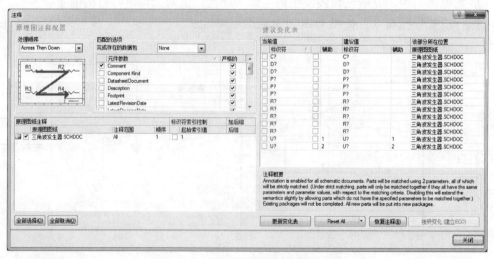

图 11-11　元件自动编号设置对话框

点击【更新变化表(Update Change List)】按钮，更新"建议值标示符(Proposed Change List)"列表中的元件编号，在弹出的如图 11-12 所示的"DXP Information"对话框中，点击【OK】(确认)按钮，即可更新"建议值标示符(Proposed Change List)"列表中的元件编号，如图 11-13 所示。

图 11-12　执行【更新变化表】后的修改确认对话框

建议变化表

当前值			建议值		该部分所在位置
标识符	/	辅助	标识符	辅助	原理图图纸
☐ C?	☐		C1		三角波发生器.SCHDOC
☐ D?	☐		D2		三角波发生器.SCHDOC
☐ D?	☐		D1		三角波发生器.SCHDOC
☐ P?	☐		P1		三角波发生器.SCHDOC
☐ P?	☐		P2		三角波发生器.SCHDOC
☐ P?	☐		P3		三角波发生器.SCHDOC
☐ R?	☐		R3		三角波发生器.SCHDOC
☐ R?	☐		R5		三角波发生器.SCHDOC
☐ R?	☐		R2		三角波发生器.SCHDOC
☐ R?	☐		R1		三角波发生器.SCHDOC
☐ R?	☐		R4		三角波发生器.SCHDOC
☐ U?	☐	1	U1	1	三角波发生器.SCHDOC
☐ U?	☐	2	U1	2	三角波发生器.SCHDOC

图 11-13　更新后的编号列表

点击【接受变化(建立 ECO)(Accept Changes(Create ECO))】按钮，弹出如图 11-14 所示的"工程变化清单(ECO)"对话框，然后点击【使变化生效(Validate Changes)】按钮，或直接点击【执行变化(Execute Changes)】按钮，如果执行过程中未发现问题，在每个编号的右边将显示检查及完成标记"√"，如图 11-15 所示，然后点击【关闭(Close)】按钮，回到原理图编辑窗口，即可发现所有元件均已完成编号。

工程变化订单(ECO)

修改					状态		
有...	行为	受影响对象		受影响的文档	检查	完成	消息
☐	Annotate Component(1						
☑	Modify	C? -> C1	In	三角波发生器.SCHDOC			
☑	Modify	D? -> D1	In	三角波发生器.SCHDOC			
☑	Modify	D? -> D2	In	三角波发生器.SCHDOC			
☑	Modify	P? -> P1	In	三角波发生器.SCHDOC			
☑	Modify	P? -> P2	In	三角波发生器.SCHDOC			
☑	Modify	P? -> P3	In	三角波发生器.SCHDOC			
☑	Modify	R? -> R1	In	三角波发生器.SCHDOC			
☑	Modify	R? -> R2	In	三角波发生器.SCHDOC			
☑	Modify	R? -> R3	In	三角波发生器.SCHDOC			
☑	Modify	R? -> R4	In	三角波发生器.SCHDOC			
☑	Modify	R? -> R5	In	三角波发生器.SCHDOC			
☑	Modify	U?(1) -> U1(1)	In	三角波发生器.SCHDOC			
☑	Modify	U?(2) -> U1(2)	In	三角波发生器.SCHDOC			

| 使变化生效 | 执行变化 | 变化报告(B)... | ☐只显示错误 | 关闭 |

图 11-14　工程变化清单(ECO)对话框

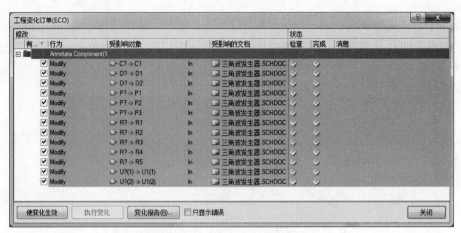

图 11-15 执行后的元件自动编号

完成自动编号后的三角波发生器电路如图 11-16 所示。

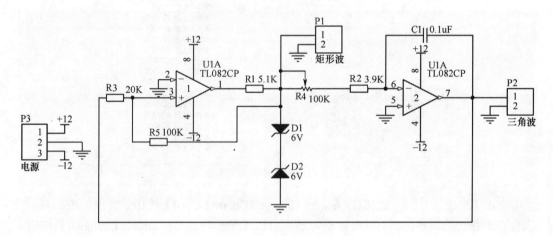

图 11-16 完成自动编号后的三角波发生器电路

(4) 检查电路连接。

对电路进行电气规则检查(ERC),检查后的信息窗口如图 11-17 所示。这三个 Warning 警告信息可以忽略。

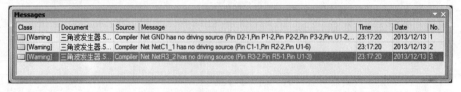

图 11-17 电气规则检查(ERC)后的信息窗口

步骤 3:绘制 PCB 板。

(1) 设计印制电路板尺寸。

在 "Keep-Out Layer(禁止布线层)" 中, 设计一矩形电路板: 长为 45mm, 宽为 30mm。

(2) 原理图与 PCB 信息转换。

在"三角波发生器.SchDoc"原理图环境中,执行【设计(Design)】→【Update PCB Document 三角波发生器.PcbDoc】命令;或在"三角波发生器.PCBDoc"环境中,执行【设计(Design)】→【Import Changes From 三角波发生器.PrjPCB】命令,在弹出的工程变化订单(ECO)对话框中,分别点击【使变化生效(Validate Changes)】与【执行变化(Execute Changes)】,之后的工程变化订单(ECO)如图 11-18 所示。

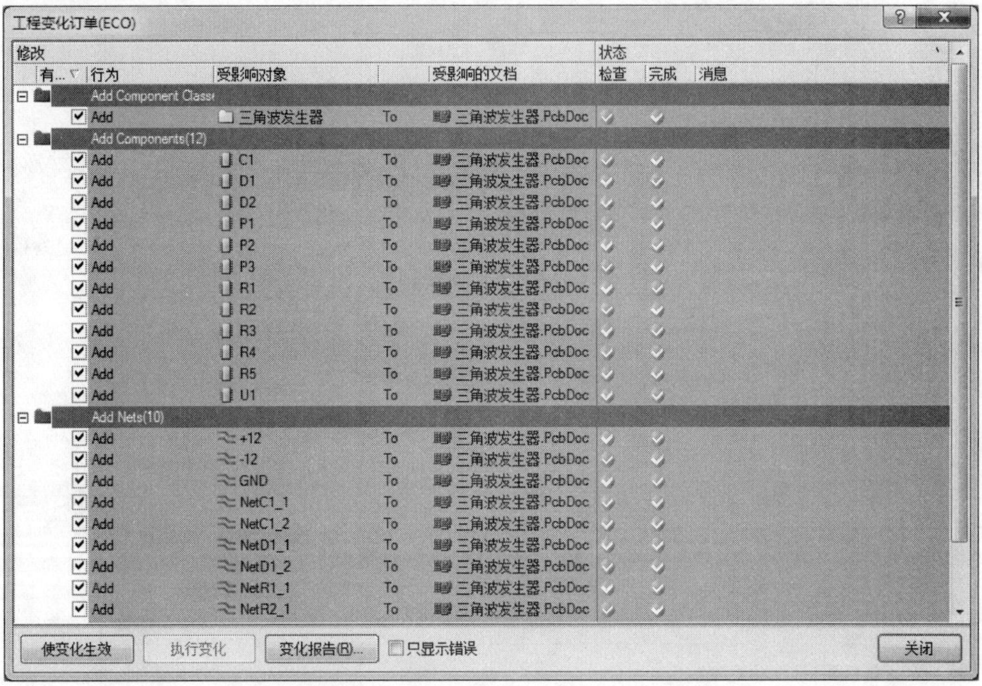

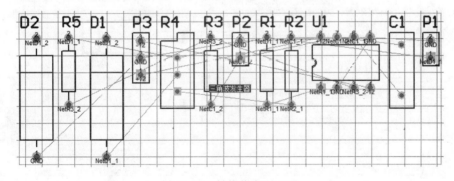

图 11-18　执行变化后的工程变化订单(ECO)

可将原理图中的信息转换到 PCB 中,如图 11-19 所示。

图 11-19　转换信息后 PCB

在 PCB 环境中,双击打开如图 11-20 所示的 D1 元件的属性对话框,该元件的封装为 DIODE-0.7(元件两引脚之间的距离为 0.7in=700mil=0.7×25.4mm).本操作项目需将 D1 与 D2 元件的封装修改为 DIODE-0.4,具体修改过程如下:

点击封装名称 DIODE-0.7 后的 ... 按钮，弹出库浏览对话框，如图 11-21 所示将元件封装修改为 DIODE-0.4，点击【确认(OK)】退出库浏览对话框，回到 D1 属性对话框，再点击【确认(OK)】即可看到 D1 的封装被修改，修改后的元件两引脚之间的距离为 0.4in(0.4×25.4mm)。

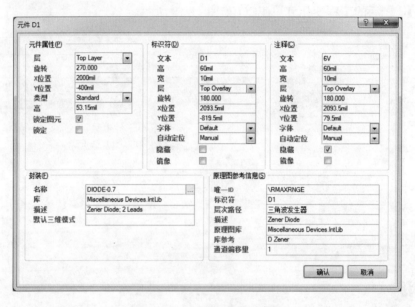

图 11-20　元件 D1 属性对话框

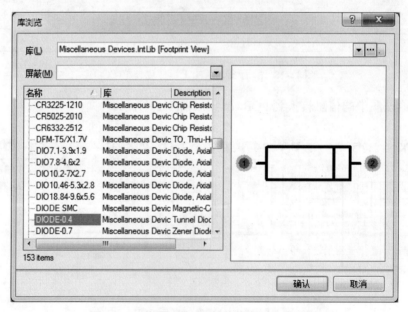

图 11-21　修改元件 D1 封装的库浏览对话框

同理修改 D2 元件的封装为 DIODE-0.4。

(3) 元件布局。

按照布局原则，采用手动布局将三角波发生器的各元件布局到已设计的 PCB 中，参考布局如图 11-22 所示。布局时考虑将接口 P1～P3 器件放置在板子的边缘，将电位器放置在易操作的位置。

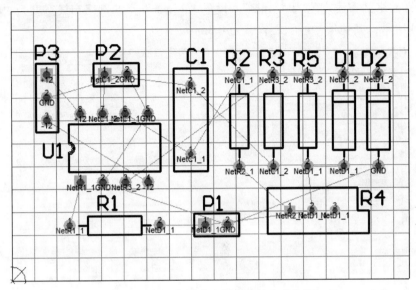

图 11-22　三角波发生器电路的参考布局

(4) 元件布线。

本操作项目中运算放大器是双电源供电，在设置电气规则之前，先将+12V 与-12V 设置为 Power 类。设置类的过程如下：

在电路窗口右键弹出的快捷菜单中，执行【设计(Design)】→【对象类(Classes)】命令，弹出对象类资源管理器，在 Net Classes 网络类下的 All Nets 上点击右键选择【追加类(Add Class)】，然后在追加的类上点击右键选择【重命名(Rename Class)】，将追加的类命名为 Power，按图 11-23 所示将+12V 与-12V 添加到该类下。

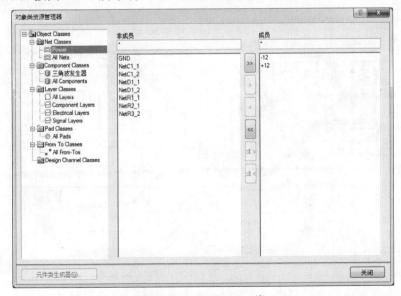

图 11-23　设置 Power 类

执行【设计(Design)】→【规则(Rules)】命令；或在电路窗口右键弹出的快捷菜单中，执行【设计(Design)】→【规则(Rules)】命令，打开 PCB 设计规则设置对话框。设置地线"GND"网络的布线宽度为"1mm"；设置"Power"类的网络布线宽度为"0.6mm"，如图 11-24 所示；其他信号线宽度设置为 0.3mm。

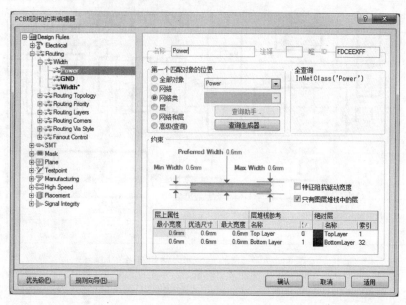

图 11-24 设置 Power 类布线宽度规则

设置"Routing Layers"布线板层规则，Top Layer(顶层)与 Bottom Layer(底层)允许布线(本操作项目为双面板，因此设置顶层与底层允许布线)。

执行【自动布线(Auto Route)】→【全部对象(All)】命令，进行自动布线，自动布线效果如图 11-25 所示。系统默认顶层的铜膜线为红色，底层的铜膜线为蓝色。

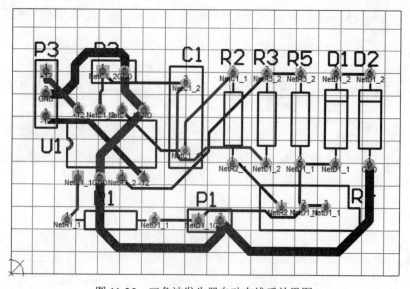

图 11-25 三角波发生器自动布线后效果图

手动修改 GND 网络布线，修改后效果如图 11-26 所示。注意修改布线时布线所在层的切换，本操作项目修改后的 GND 布线在 PCB 板的四周，可提高电路的抗干扰性能。

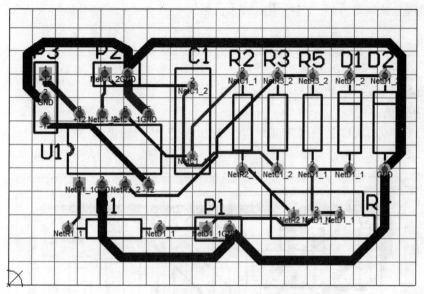

图 11-26 三角波发生器手动修改布线后效果图

好的布局是布线的基础，不合理的布局对 PCB 板的性能有很大的影响，使电路不可靠，甚至使电路无法正常运行。

(5) 放置安装定位孔。

设计完的 PCB 最终要与电子产品外壳配合安装，因此需设计安装 PCB 的安装定位孔。执行放置焊盘命令，分别设置四个焊盘(安装定位孔)的内外径均为 2mm，距离 PCB 的角为 2×2mm。放置安装定位孔后的 PCB 如图 11-27 所示。

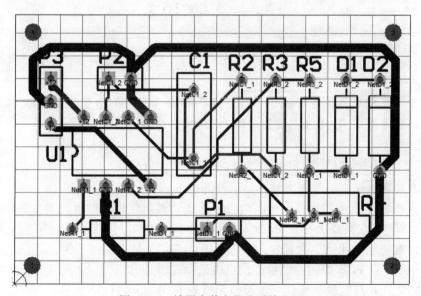

图 11-27 放置安装定位孔后的 PCB

实际绘制 PCB 时，也可在转换完元件信息之后，进行 PCB 的尺寸设计。

元件的封装信息可以在原理图中的元件属性中进行修改，也可在转换到 PCB 之后进行修改。

无论是修改了原理图中的信息还是修改了 PCB 中的信息，都可以再次执行【Update】(更新)命令，使两个文件的信息同步。

步骤 4：PCB 的后处理。

(1) 补泪滴。

执行【工具(Tools)】→【泪滴焊盘(Teardrops)】补泪滴操作命令，补泪滴后的 PCB 板如图 11-28 所示。

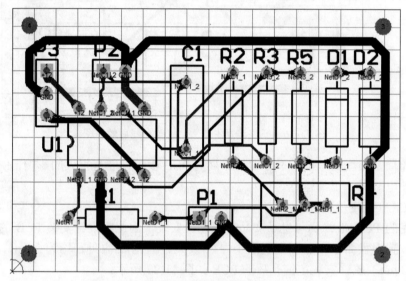

图 11-28　补泪滴后 PCB

在 PCB 设计中，通常将安装定位孔也设置为连接到 GND 网络，以提高电路的抗干扰能力。

打开安装定位孔的属性对话框，如图 11-29 所示将"网络"设置为 GND。将四个安装定位孔均设置为与 GND 连接，设置后的 PCB 如图 11-30 所示。

(2) 放置敷铜。

在 PCB 设计中，为了提高电路板的抗干扰能力，将电路板上没有布线的空白区域铺满铜膜，并将铜膜接地以便能更好地抵抗外部信号的干扰。其方法如下：

执行工具栏中的 ▧ 放置敷铜平面命令，系统会弹出敷铜属性设置窗口，如图 11-31 所示进行设置：放置实心填充敷铜，放置层为 Top Layer(顶层)，将敷铜设置连接到"GND"网络，并设置"删除死铜"为有效，点击【确认(OK)】按钮完成敷铜设置。之后，光标变为十字形状，在 PCB 板的四个角分别点击鼠标左键使其形成一封闭区域，之后点击右键，即可完成在顶层的敷铜操作。放置敷铜后的 PCB 如图 11-32 所示。

同理，在 PCB 板的底层放置敷铜。

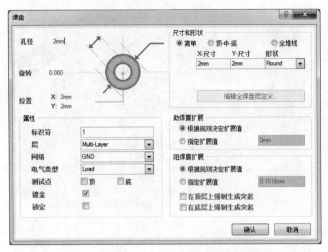

图 11-29 焊盘(安装定位孔)设置对话框

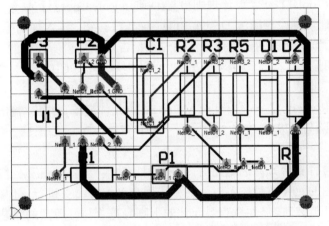

图 11-30 设置安装定位孔与 GND 连接后的 PCB

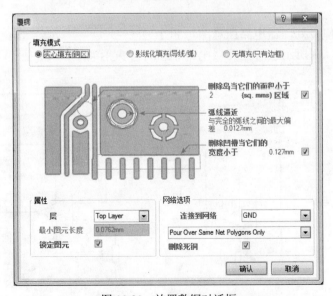

图 11-31 放置敷铜对话框

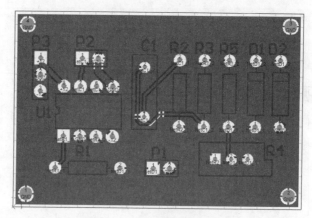

图 11-32　放置敷铜后的 PCB

(3) PCB 设计规则检查。

执行【工具(Tools)】→【设计规则检查(Design Rule Check)】命令，在弹出的对话框中点击【运行设计规则检查(Run Design Rule Check)】按钮，进入规则检查，即可生成"三角波发生器.DRC"设计规则检查报告，通过该报告可以知道所设计的 PCB 是否有与设计规则相冲突的地方。之后，根据该信息文件的提示进行 PCB 修改。

(4) 各类信息报表输出。

执行【报告(Reports)】→【Bill of Materials】(元件清单)命令，输出元件清单报表，以方便元件的采购与后续的 PCB 焊接调试工作。

[总结]

(1) 在绘制含有复合元件的电路时，若采用手动编号需注意正确设置子件的选用。

(2) 当原理图的元件数量较多时，最好采用自动编号命令进行元件标识符的设置。

(3) 修改元件封装时，需注意查看元件的引脚号是否与修改后的封装以及实际元件的引脚功能相一致。

[拓展练习]

11-1　绘制信号处理器电路原理图与 PCB 图。

绘制如图 11-33 所示信号处理器电路原理图与 PCB 图。

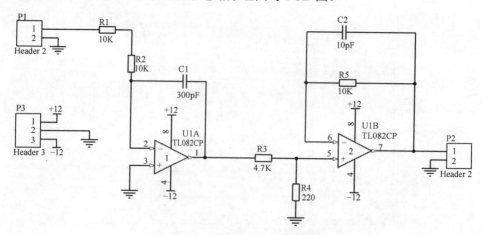

图 11-33　信号处理器电路原理图

[提示]

P1 与 P2 分别为信号输入与输出接口，P3 为电源接口。TL082CP 运算放大器所在的元件库为 NSC Operational Amplifier.IntLib。所有元件均采用针脚式封装。

11-2　绘制 LED 闪烁灯电路原理图与 PCB 图。

绘制如图 11-34 所示的 LED 闪烁灯电路原理图与 PCB 图。

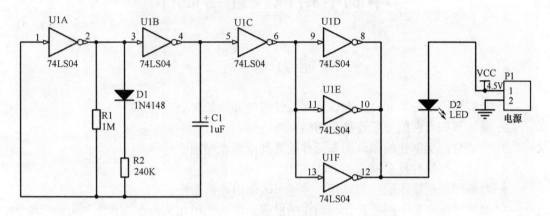

图 11-34　LED 闪烁灯电路

[提示]

U1 为非门逻辑器件，其国标符号见附录 B，可直接在实用工具栏中调用放置，或加载 TI Logic Gate 2.IntLib 集成库再调用放置，集成 IC 的电源引脚默认的网络名称为 VCC 与 GND，接口 P1 为电源引脚，其网络名称直接用 VCC(可单独放置 A 注释 4.5V)。

实践操作项目 12　调光灯电路的
印制电路板设计与制作

能 力 目 标

1. 会制作原理图库元件，会设置库元件属性并添加封装模型；
2. 熟练掌握元件的导线连接与网络标签连接；
3. 会将自定义创建的原理图库元件放置到电路原理图中；
4. 了解元件属性批量修改的方法；
5. 熟练掌握原理图的绘制过程，并能灵活运用相关命令；
6. 熟练掌握印制电路板设计与制作的过程，灵活运用相关命令，并能与实际电路的使用相联系。

【任务资讯】

调光灯在日常生活中的应用非常广泛，本项目将完成图 12-1 所示调光灯电路的印制电路板的设计与制作。

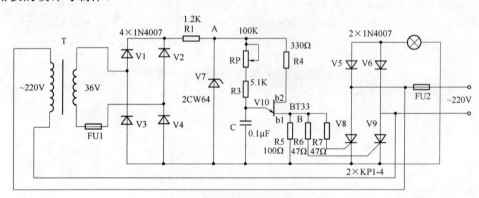

图 12-1　调光灯电路图

【任务实施】

步骤 1：创建文件并保存。

参考实践操作项目 10 创建文件的方法，创建新的项目文件、原理图文件与 PCB 文件并保存。创建三个文件后的 Projects(项目)面板如图 12-2 所示。

步骤 2：绘制原理图。

(1) 放置并编辑元件属性。

放置调光灯电路中的元件，其中变压器、电阻、电容、二极管、稳压管(均在 Miscllaneous Devices.intLib 集成库)的放置方法可参考实践操作项目 10。如图 12-3 所示放置单结管、晶闸管、熔断器。

图 12-2　创建文件后的项目面板

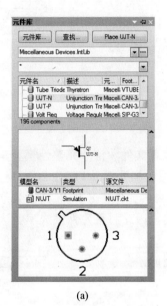
(a)

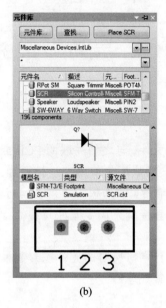
(b)

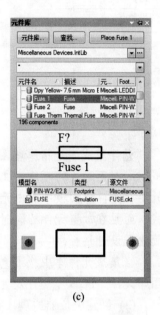
(c)

图 12-3　放置元件

(a) 放置单结管；(b) 放置晶闸管；(c) 放置熔断器。

本操作项目需放置交流 220V 电源接口与灯泡接口器件(图 12-4)。

图 12-4　放置接口器件

放置各元件并进行元件的属性(除标识符之外)设置如图 12-5 所示。

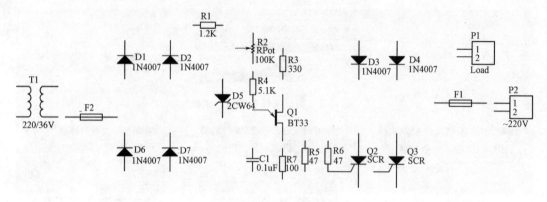

图 12-5　调光灯电路器件

[点拨]

元件集成库是指原理图库文件、与之相关联的 PCB 封装库文件和信号完整性模型集成到一起而形成的元件库文件。集成库的使用使设计更加方便,使用 Protel DXP 2004 时,只要在元件库面板中点击元件名称,该面板下方就会同时出现其元件符号和 PCB 封装形式,而且在放置元件的同时,直接就完成了元件封装的指定,因此利用元件集成库大大简化了设计过程。

当集成元件库中找不到设计电路所需的元件或封装模型时,需手动创建元件的原理图库文件、PCB 库文件及元件集成库。

(2) 创建电位器原理图符号。

本电路中所用电位器的符号与国标符号不一致,可通过自行创建原理图库文件的方法来创建电位器符号,下面介绍原理图库文件的创建过程。

执行【文件(File)】→【创建(New)】→【原理图库(Schematic Library)】命令,可创建一个原理图库文件,将其保存为"自定义.SchLib",其项目面板如图 12-6 所示。打开的原理图库文件的编辑界面如图 12-7 所示,同时增加了【SCHLibrary】原理图库面板标签。

图 12-6　创建原理图库文件后的项目面板

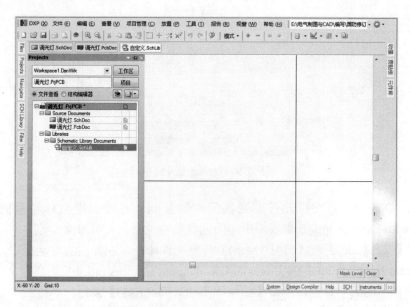

图 12-7 原理图库文件编辑界面

【SCHLibrary】面板如图 12-8 所示，系统自动建立了一名为 Component_1 的元件。

图 12-8 【SCHLibrary】原理图库面板

执行【工具(Tools)】→【重新命名元件(Rename Component)】菜单命令，之后弹出重新命名元件对话框，按如图 12-9 所示输入元件名称为 RP，然后点击【确认(OK)】。

图12-9　重命名元件对话框

Protel DXP 2004 支持元件库之间元件的复制，在绘制电位器符号时，可根据 Miscellaneous Devices.IntLib 集成库中电阻元件与电位器元件符号来绘制。

执行【文件(File)】→【打开(Open)】打开文件命令，在弹出的对话框中，选择打开 "C:Program Files\Altium 2004\Library\Miscellaneous Devices.IntLib" 集成库文件，之后弹出如图12-10所示的对话框，点击【抽取源(Extract Sources)】按钮，即可抽取该元件库并建立了一个集成项目库Miscellaneous Devices.LIBPKG项目面板(图12-11)，双击打开 Miscellaneous Devices.SchLib原理图库文件，然后打开【SCH Library】原理图库面板标签查看原理图库文件信息，如图12-12所示，可看到该库中的所有元件符号。

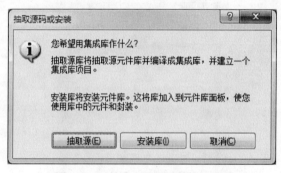

图12-10　抽取源码或安装对话框

图12-11　抽取源码后的项目面板

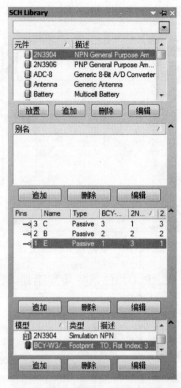

图 12-12   Miscellaneous Devices.SchLib 原理图库文件

查看 Miscellaneous Devices.SchLib 原理图库文件中的元件符号，如图 12-13 所示为电阻元件符号，选择电阻元件符号，执行复制命令(快捷键"Ctrl+C")，切换到"自定义.SchLib"文件绘制窗口中，执行粘贴命令(快捷键"Ctrl+V")并放置到合适的位置，如图 12-14 所示。

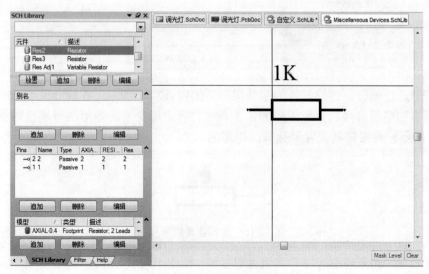

图 12-13   电阻元件库文件

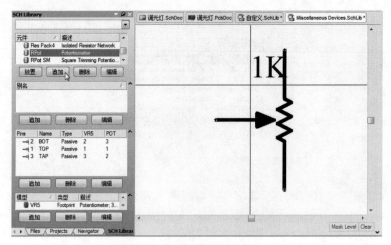

图 12-14　电位器元件库文件

同理，如图 12-14 所示查找 RPot 元件，将其复制到"自定义.SchLib"文件中。复制后的原理图库文件窗口如图 12-15 所示。

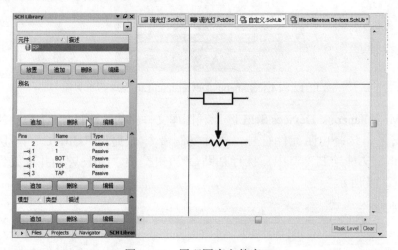

图 12-15　原理图库文件窗口

对符号进行编辑，删除符号的部分图形后如图 12-16 所示。在移动箭头放置的过程中发现原有的电阻符号的矩形图形偏大，双击打开电阻符号的矩形图形属性对话框，如图 12-17 所示，可根据其位置坐标修改矩形的大小。

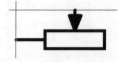

图 12-16　编辑原理图符号

双击未删除的元件引脚打开其属性对话框，如图 12-18 所示。可知其名称与标识符(1号引脚)均为隐藏，长度为 10mil。下面介绍其他两个引脚的放置方法。

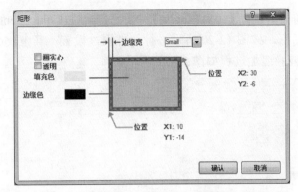

图 12-17　电阻符号的矩形图形属性对话框

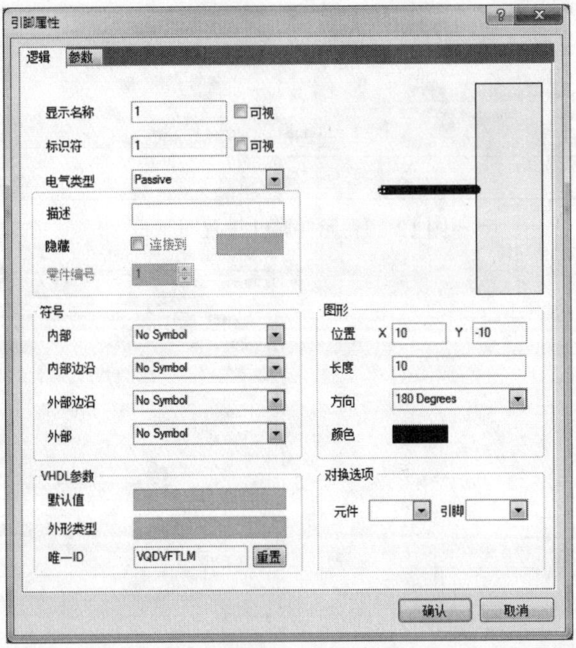

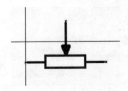

图 12-18　引脚属性对话框

　　执行【放置(Place)】→【引脚(Pin)】放置引脚命令，或在右键弹出的快捷菜单中执行放置引脚命令，或通过工具栏执行放置引脚命令，在放置引脚的过程中可按"Tab"键弹出引脚属性对话窗口，参照原来引脚的属性设置，设置其名称与标识符(电位器的可调端设置为 2 引脚)并将其隐藏，设置引脚长度为 10，点击【确认(OK)】，将会看到光标上附着一引脚，按"Space"空格键可改变引脚的放置方向，光标所在的引脚端为具有电气意义端，在放置时需将电气意义端朝外放置。放置完引脚后的电位器符号如图 12-19 所示。

图 12-19　电位器原理图符号

绘制完电位器符号，执行【工具(Tools)】→【元件属性(Component Properties)】命令，将弹出属性设置对话框，按图 12-20 所示进行元件属性设置，其中 Models for RP 区域中的 Footprint 元件封装的追加过程如图 12-21 所示。

图 12-20　元件属性设置对话框

(a)　　　　　　　　　　　　　　　　　(b)

(c)

166

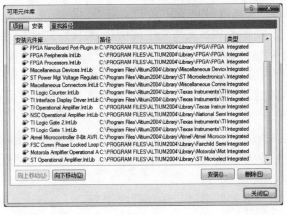

(d)

(e)

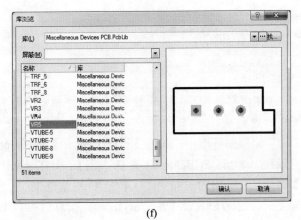

(f)

图 12-21   追加元件封装过程图解

　　点击元件属性设置对话框中的【追加(Add)】按钮，弹出新加的模型对话框，点击【确认(OK)】；弹出 PCB 模型对话框，点击【浏览(Browse)】按钮；弹出库浏览对话框，点击 ... 按钮；弹出可用元件库对话框，点击"安装(Installed)"选项卡中的【安装(Install)】按钮以加载 PCB 库文件(文件类型为.PCBLib)；在\Library\Pcb 文件夹中选择加载

Miscellaneous Devices PCB.PcbLib 库文件(需先选择文件类型 Protel Footprint Library(*.PCBLIB)，即可显示 Pcb 文件夹中的所有 PCB 库文件)；回到库浏览对话框后，选择电位器的封装为 VR5，如图 12-21(f)所示。

需注意的是：元件封装也可根据实际的元器件自行创建 PCB 库文件。可打开*.PcbLib 库文件抽取库文件中的封装，然后在已有封装的基础上修改；或根据库文件创建向导建立库文件。

创建完元件符号并设置完元件属性后，可以点击【SCH Library】面板中的【放置(Place)】将电位器符号放置到调光灯电路中，并将原来的电位器符号删除掉。

(2) 完成调光灯电路。

放置电源与地，完成三角波发生器电路的连接，并对元件进行自动编号，如图 12-22 所示。

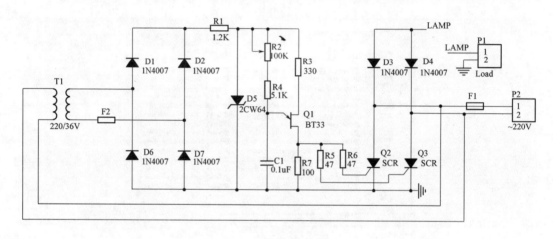

图 12-22　调光灯电路

(3) 检查电路连接。

对电路进行电气规则检查(ERC)。

步骤 3：绘制 PCB 板。

(1) 设计印制电路板尺寸。

在"Keep-Out Layer(禁止布线层)"中，设计一矩形电路板：长为 70mm，宽为 30mm。

(2) 原理图与 PCB 信息转换。

在"调光灯.SchDoc"原理图环境中，执行【设计(Design)】→【Update PCB Document 调光灯.PcbDoc】命令；或在"调光灯.PCBDoc"环境中，执行【设计(Design)】→【Import Changes From 调光灯.PrjPCB】命令，在弹出的工程变化订单(ECO)对话框中，分别点击【使变化生效(Validate Changes)】与【执行变化(Execute Changes)】，转换信息后的 PCB 如图 12-23 所示。

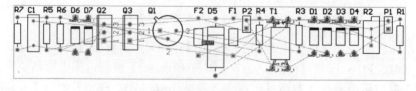

图 12-23　转换信息后的 PCB

本操作项目中的元件 Q2 的封装与实际使用的元件封装不一致，需进行修改。打开 Q2 元件的属性对话框(图 12-24)，点击"封装(Footprint)"区域中名称"SFM-T3/E10.7V"后的…按钮，弹出库浏览对话框，如图 12-25 所示选择 BCY-W3/B.7 封装(实际的晶闸管 1 引脚为阳极、2 引脚为门极、3 引脚为阴极，与原理图中的晶闸管引脚功能相一致)，然后点击【确认(OK)】。同理，修改 Q3 的封装。

图 12-24　元件 Q2 属性对话框

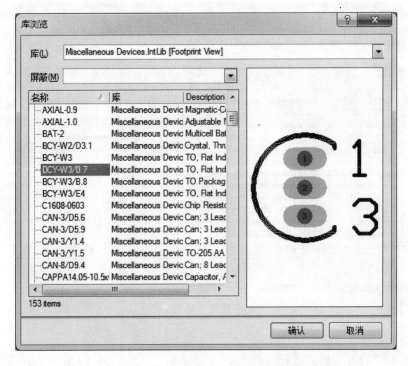

图 12-25　选择元件 Q2 的封装

169

本操作项目中还需修改 D5 元件的封装，打开 D5 元件属性对话框如图 12-26 所示，点击"封装(Footprint)"区域中名称"DIODE-0.7"后的 ... 按钮，弹出库浏览对话框，如图 12-27 所示选择 DIO7.8-4.6×2 封装。

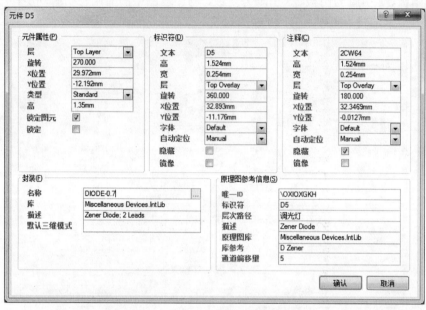

图 12-26　元件 Q5 属性对话框

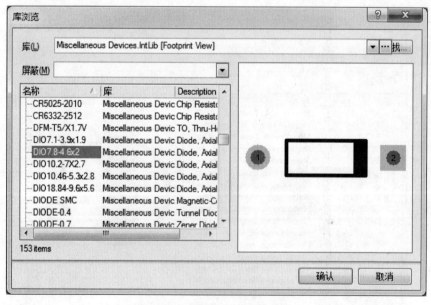

图 12-27　选择元件 Q5 的封装

(3) 元件布局。

确定各元件的封装后，进行元件布局，元件参考布局如图 12-28 所示。调节灯光亮度的电位器放置在 PCB 的中间位置，与灯的外壳配合安装。

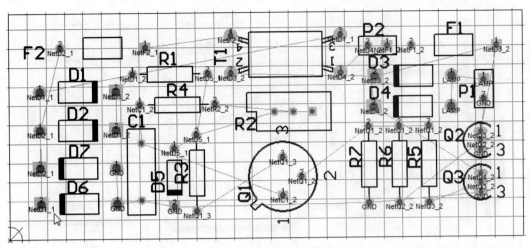

图 12-28   调光灯电路参考布局

(4) 元件布线。

设置地线"GND"网络的布线宽度为"1mm";设置其他信号线优选宽度为 0.3mm，最大宽度为 0.8mm(本操作项目中有～220V 电源进线，在手动修改布线宽度时，可将此部分网络线修改为 0.8mm)。

本操作项目设置为双面板。

设置布线规则后，执行自动布线效果如图 12-29 所示。

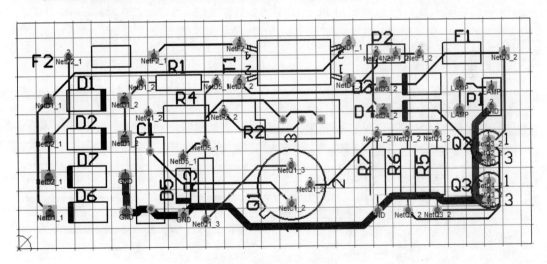

图 12-29   自动布线效果图

执行交互式布线，将～220V 电源进线部分，变压器 36V 输出，灯泡负载相连接的电路网络线宽修改为 0.8mm，手动修改后效果如图 12-30 所示。

设计完的 PCB 最终要与电子产品外壳配合安装，因此需设计安装 PCB 的安装定位孔。执行放置焊盘(安装定位孔)命令，分别设置四个焊盘(安装定位孔)的内外径均为 2mm，距离 PCB 的角为 2×2mm，并将其与 GND 网络连接。

参考实践操作项目 11 完成后面的步骤。

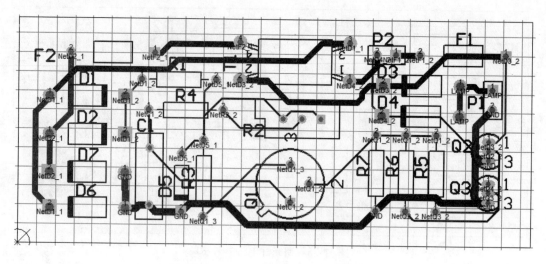

图 12-30　手动修改布线后效果图

[总结]

　　(1) 手动绘制原理图库元件符号时，需灵活利用已有库元件符号提高绘制的效率。

　　(2) 元件布局时，需注意根据实际情况，对特殊元件合理放置。如本项目中的电位器调节灯光的亮暗，需与调光灯的外壳相匹配，布局时需注意。

[拓展练习]

　　绘制混合放大器电路原理图与 PCB 图(图 12-31)。

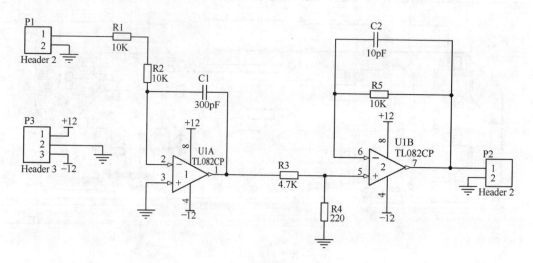

图 12-31　混合放大器电路原理图

[提示]

　　TL082CP 运算放大器所在的元件库为 NSC Operational Amplifier.IntLib，P1、P2 及 P3 为连接件，所在的库为 Miscellaneous Connectors.IntLib 连接件库。

实践操作项目 13　企业应用电路的
印制电路板设计与制作

能 力 目 标

1. 熟练掌握元件的导线连接与网络标签连接；
2. 熟练掌握原理图的绘制过程，并能灵活运用相关命令；
3. 熟练掌握印制电路板设计与制作的过程，灵活运用相关命令，并能与实际电路的使用相联系。

【任务资讯】

扩音器在人们日常生活中有着十分广泛的应用。图 13-1 是扩音器电路图。

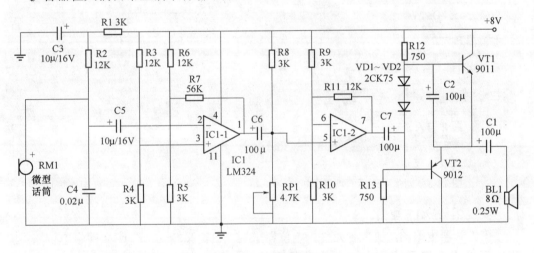

图 13-1　扩音器电路

扩音器产品的外形多种多样，本操作项目中的应用电路内部结构如图 13-2 所示。

【任务实施】

步骤 1：创建文件并保存。

参考实践操作项目 10 创建文件的方法，创建新的项目文件、原理图文件与 PCB 文件并保存。创建三个文件后的 Projects(项目)面板如图 13-3 所示。

本项目中的电位器可采用前一项目中的自定义原理图库文件，在 Projects 项目面板中，选中"扩音器.PrjPCB"点击右键选择执行"追加已有文件到项目中"，找到前一项目创建的"自定义.SchLib"库文件将其添加到"扩音器.PrjPCB"项目中，添加后的项目面板如图 13-4 所示。

图 13-2　扩音器电路内部结构

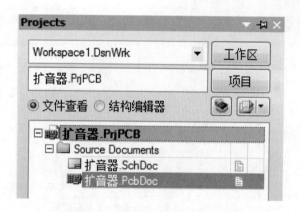

图 13-3　创建文件后的项目面板

图 13-4　添加库文件后的项目面板

步骤 2：绘制原理图。

按扩音器电路图，放置各元件。电位器采用"自定义.SchLib"库文件中电位器；IC1芯片可采用查找元件的方法，搜索后再将其放置；其余各元件均在"Miscellaneous Devices.IntLib"库中。

本项目需添加电源接口，在"Miscellaneous Connectors.IntLib"库中，查找放置"Header 2"连接件。

放置元件后，采用自动编号对各元件进行编号(自动设置标识符)。

绘制后的原理图如图 13-5 所示。

本操作项目中的 LM324 运算放大器中包含四个子件。

步骤 3：绘制 PCB 板。

(1) 设计印制电路板尺寸。

在"Keep-Out Layer(禁止布线层)"中，设计一方形电路板：长为 60mm，宽为 60mm，中间设有直径为 30mm 的孔(放置喇叭的位置)。

174

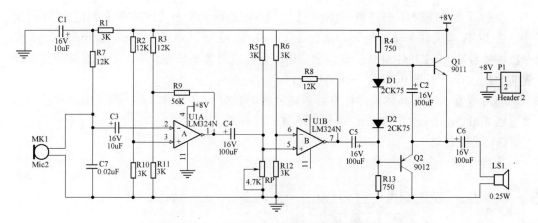

图 13-5　绘制后的扩音器电路原理图

(2) 原理图与 PCB 信息转换。

将原理图中的信息转换到 PCB 中。

查看电容 C1～C6 所用元件封装，需修改其封装为 CAPPR5-5x5，DIO7.8-4.6x2 封装修改为。下面介绍一种属性批量修改方法。

选择需修改元件 C1，点击右键选择执行"查找相似对象"命令，弹出查找相似对象对话框，按如图 13-6(a)所示的对话框进行设置，在 Footprint(封装)所在行的最后一列选择"Same"，之后点击【适用(Apply)】，再点击【确认(OK)】，将会弹出检查器对话框，按如图 13-6(b)所示将 Footprint 封装设置为 CAPPR5-5x5，关闭该对话框，可看到 C1～C6 的封装已修改。

用同样的方法将 D1、D2 的封装修改为 DIO7.8-4.6x2。

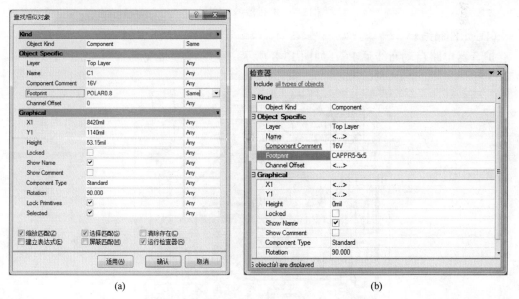

(a)　　　　　　　　　　　　　(b)

图 13-6　查找相似对象修改 C1～C6 封装

[点拨]

本操作项目中也可根据自行创建所需元件的封装。下面介绍根据向导创建封装的方法。

执行【文件(File)】→【创建(New)】→【库(Library)】→【PCB库】创建 PCB 库文件，在 PCB 库文件编辑环境下，执行【工具(Tools)】→【新元件(New Component)】命令，即可启动 PCB 元件封装创建向导，选择需创建封装的模型向导，并根据向导提示设置其参数，即可完成 PCB 库文件的制作。

也可根据元件的具体尺寸，自行创建元件的封装。需说明的是：元件轮廓及注释需放置在 Top Overlayer(丝印层)；表面粘着式的元件焊盘应放置在 Top Layer(顶层)。

(3) 元件布局。

本操作项目参考布局如图 13-7 所示。

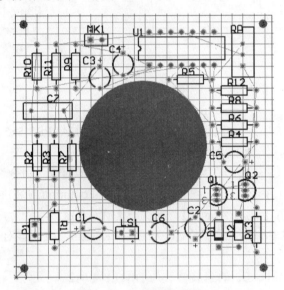

图 13-7　扩音器参考布局

(4) 元件布线。

扩音器电路自动布线后 PCB 如图 13-8 所示。手动调整布线后 PCB 如图 13-9 所示。

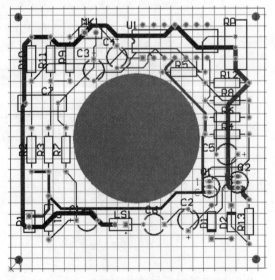

图 13-8　扩音器电路自动布线后 PCB

176

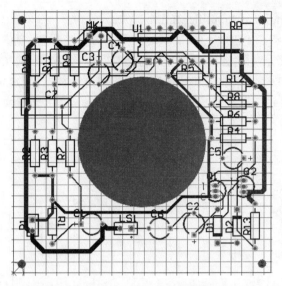

图 13-9　扩音器电路手动调整布线后 PCB

步骤 4：PCB 的后处理。

参考实践操作项目 11 进行 PCB 的后处理。

[总结]

(1) 本项目在元件布局前，需先设计 PCB 板的尺寸及放置喇叭的位置。

(2) 要考虑特殊元件的布局。

(3) 实际电子产品电路，在设计 PCB 时，需注意电路板与产品间的连接固定方式，安装定位孔的位置要正确合理。

[拓展练习]

13-1　绘制电池放电器电路原理图与 PCB 图(图 13-10)。

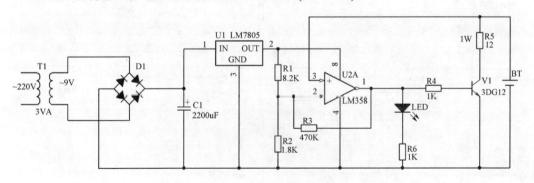

图 13-10　电池放电器电路

电池放电器电路由电源电路、控制电路和放电电路三部分组成。它用于单节电池放电，能在电池电压下降至 0.95～1.0V 时自动停止放电，可避免因过放电而导致电池使用寿命的缩短。

[提示]

LM7805 在 ST(或 TI) Power Mgt Voltage Regulator.IntLib 库中；LM358 在 ST(或 TI、

NSC、Motorola) Operational Amplifier.IntLib 库中。

　　一般变压器不安装在 PCB 板上，所以这里不需画出变压器，而是用一个接插件代替，变压器输出连接到这个接插件上即可；而且电池 BT 也不用放置在 PCB 板上，可先在其连接处放置网络标签"BT+"。为防止 220V 电压的进线端意外放电，可放置 Header4 的接插件，且将 2、3 引脚相连通过一电容 C2 接地。完成绘制后的电路原理图如图 13-11 所示。

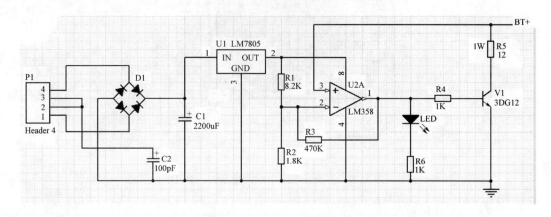

图 13-11　电池放电器电路原理图

　　13-2　绘制闪烁警示灯电路原理图与 PCB 图(图 13-12)。

　　闪烁警示灯电路如图 13-12 所示。由电源电路、光控电路、超低频振荡器电路和开关电路等部分组成。它能控制警示灯在白天不亮，而在夜晚发出闪烁的红光，将其安装在道路施工等场所，可以提醒人们注意安全。

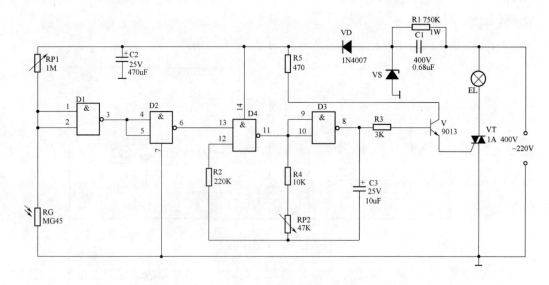

图 13-12　闪烁警示灯电路

[提示]

　　CD4011 在 TI Logic Gate 2.IntLib 库中，为与非门器件，其图标符号见附录 B。

　　四输入与非门集成芯片 7 引脚为 GND，14 引脚为 VCC，在电路原理图的绘制过程中要考虑该芯片的电源接入及整个电路电源接入问题,需在原理图中 R5 的一端添加电源 VCC 即表示给 CD4011 的 14 引脚供电,在警示灯 EL 一端添加"～220V"网络标签(可为 PCB 制作时,添加电源接口提供网络,或直接通过添加 Header2(Miscellaneous connectors.IntLib)接插件来提供电源接口),完成绘制后的电路原理图如图 13-13 所示。

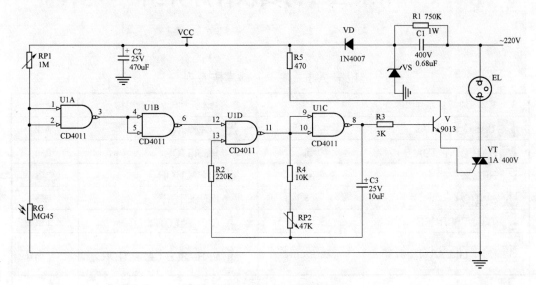

图 13-13 闪烁警示灯电路原理图

附录 A 仿真软件库介绍

附表 A-1 基本元件库族系列

基本元件库族系列图标	解释	基本元件库族系列图标	解释
BASIC_VIRTUAL	基本虚拟元件	SOCKETS	插座
RATED_VIRTUAL	定额虚拟元件	RESISTOR	电阻
RPACK	电阻排	CAPACITOR	电容
SWITCH	开关	INDUCTOR	电感
TRANSFORMER	变压器	CAP_ELECTROLIT	极性电容
NON_LINEAR_TRANSF...	非线性变压器	VARIABLE_CAPACITOR	可变电容
RELAY	继电器	VARIABLE_INDUCTOR	可变电感
CONNECTORS	连接件	POTENTIOMETER	电位器

附表 A-2 信号源库族系列

信号源库中各系列图标	名称	功能
POWER_SOURCES	功率源	含有交直流电源、三相电、TTL 及 CMOS 电源，为电路提供功率，及模拟地与数字地
SIGNAL_VOLTAGE_SO...	信号电压源	含有交流信号、时钟信号、脉冲信号电压源等
SIGNAL_CURRENT_SO...	信号电流源	含有交直流信号、时钟信号、脉冲信号电流源等
CONTROLLED_VOLTA...	可控电压源	含有压控电压源、流控电压源等
CONTROLLED_CURRE...	可控电流源	含有压控电流源、流控电流源等
CONTROL_FUNCTION_...	可控函数源	含有限流、乘除、微分、积分可控函数源等

附表 A-3 仿真仪表

仪表工具图标	名称	功能
	Multimeter(万用表)	测量电路中两点间的电压、电流、电阻或 DB 损耗。测量时，能自动调节测量范围
	Distortion Analyzer(失真度分析仪)	能够提供频率在 20～100Hz 内的信号失真度测量
	Function Generator(函数发生器)	能够提供正弦波、三角波与方波信号。波形的频率与幅值均可设置
	Wattmeter(功率表)	用来测量电路的功率及功率因数

仪表工具图标	名称	功能
	Oscilloscope(双通道示波器)	能够同时测量显示电路中两路信号变化的幅值与频率
	Frequency Counter(频率计数器)	用来测量信号的频率
	Agilent Function Generator (安捷伦函数发生器)	能够构建任意波形的信号
	4 Channel Oscilloscope (四通道示波器)	能够同时测量显示电路中四路信号变化的幅值与频率
	Bode Plotter(波特图示仪)	用来测量电路的幅频与相频特性
	IV-Analysis(伏安特性分析仪)	用来测量二极管、三极管及场效应管的伏安特性
	Word Generator(字发生器)	用于给数字电路提供一激励，输出信号为数字或比特模式
	Logic Converter(逻辑转换仪)	能够执行电路表达式或数字信号的多种变换形式。能生成数字电路的真值表与布尔表达式，也能从电路的真值表或布尔表达式生成电路
	Logic Analyzer(逻辑分析仪)	能够显示一个电路中的 16 路数字信号，用于逻辑状态的快速数据确认
	Agilent Oscilloscop(安捷伦示波器)	两通道、16 逻辑通道、100MHz 带宽的示波器
	Agilent Multimeter(安捷伦万用表)	高性能的数字万用表
	Spectrum Analyzer(频谱分析仪)	用于测量幅度与频率间的关系
	Network Analyzer(网络分析仪)	用于测量电路的分布参数如 S、H、Y、Z
	Tektronix Oscilloscope(泰克示波器)	四通道、200MHz 带宽的示波器
	Current Probe(电流探测器)	用于测量电路中导线的电流，探针的输出端连接到示波器，可读出电流大小；探针可指示电流的方向
	LabVIEW Instrument(虚拟仪器)	用于自定义虚拟仪器
	Measurement Probe(测量探测器)	用于快速测量电路节点与针脚的电压及频率

附表 A-4　指示器库族系列

指示器库中各系列图标	解释	指示器库中各系列图标	解释
VOLTMETER	电压表	LAMP	灯泡
AMMETER	电流表	VIRTUAL_LAMP	虚拟灯泡
PROBE	探针，显示某点电平的状态	HEX_DISPLAY	十六进制显示器
BUZZER	压电蜂鸣器	BARGRAPH	条形光柱管

附表 A-5　二极管库中各系列

二极管库中各系列图标	解释	二极管库中各系列图标	解释
DIODES_VIRTUAL	虚拟二极管	SCR	可控硅
DIODE	二极管	DIAC	双向二极管
ZENER	稳压管	TRIAC	双向可控硅
LED	发光二极管	VARACTOR	变容二极管
FWB	整流器	PIN_DIODE	Pin 二极管
SCHOTTKY_DIODE	肖特基二极管		

附表 A-6　晶体管库中各系列

晶体管中各系列图标	解释	晶体管中各系列图标	解释
TRANSISTORS_VIRT	虚拟晶体管	MOS_3TDN	N 沟道耗尽型 MOS 管
BJT_NPN	NPN 三极管	MOS_3TEN	N 沟道增强型 MOS 管
BJT_PNP	PNP 三极管	MOS_3TEP	P 沟道增强型 MOS 管
DARLINGTON_NPN	达林顿 NPN 管	JFET_N	N 沟道结型场效应管
DARLINGTON_PNP	达林顿 PNP 管	JFET_P	P 沟道结型场效应管
DARLINGTON_ARRAY	达林顿阵列管	POWER_MOS_N	N 沟道 MOS 功率管
BJT_NRES	带阻 NPN 晶体管	POWER_MOS_P	P 沟道 MOS 功率管
BJT_PRES	带阻 PNP 晶体管	POWER_MOS_COMP	互补 MOS 功率管
BJT_ARRAY	BJT 晶体管阵列	UJT	单结晶体管
IGBT	MOS 门控开关	THERMAL_MODELS	温度模型 NMOSFET

附表 A-7　模拟元件库各系列

模拟元件库中各系列图标	解释	模拟元件库中各系列图标	解释
ANALOG_VIRTUAL	虚拟模拟元件	COMPARATOR	比较器
OPAMP	运算放大器	WIDEBAND_AMPS	宽带运放
OPAMP_NORTON	诺顿运放及电流差分放大器	SPECIAL_FUNCTION	特殊功能运放

附表 A-8　模数混合器库各系列

模数混合元件库中各系列图标	解释	模数混合元件库中各系列图标	解释
MIXED_VIRTUAL	模数混合虚拟库	ANALOG_SWITCH_IC	模拟开关集成芯片
TIMER	定时器	ANALOG_SWITCH	模拟开关
ADC_DAC	模数转换器与数模转换器	MULTIVIBRATORS	多谐振荡器

附录 B　常用电子元器件符号

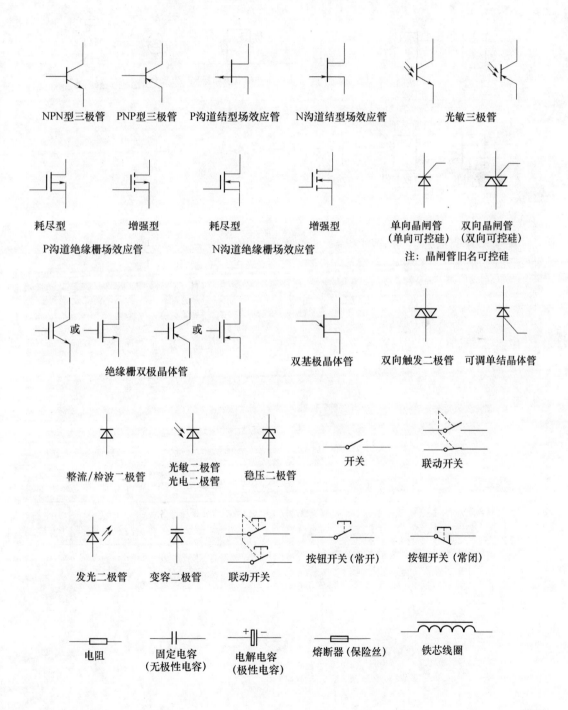

NPN型三极管　PNP型三极管　P沟道结型场效应管　N沟道结型场效应管　　光敏三极管

耗尽型　　　增强型　　　耗尽型　　　增强型　　　单向晶闸管　　双向晶闸管
　　　　　　　　　　　　　　　　　　　　　　　　（单向可控硅）（双向可控硅）
P沟道绝缘栅场效应管　　N沟道绝缘栅场效应管　　　　　　注：晶闸管旧名可控硅

或　　　　　或　　　　　　　　　　　　　
绝缘栅双极晶体管　　　　双基极晶体管　　双向触发二极管　可调单结晶体管

整流/检波一极管　光敏二极管　稳压二极管　　开关　　　联动开关
　　　　　　　　光电二极管

发光二极管　变容二极管　联动开关　按钮开关（常开）　按钮开关（常闭）

电阻　　固定电容　　电解电容　　熔断器（保险丝）　铁芯线圈
　　　　（无极性电容）　（极性电容）

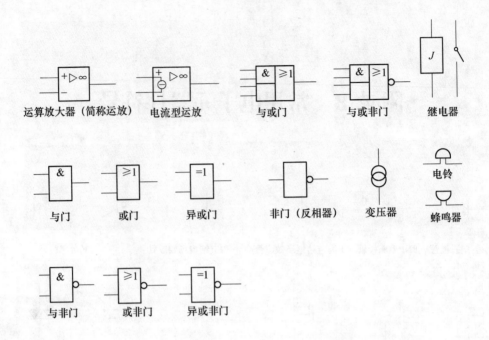

运算放大器（简称运放）　电流型运放　与或门　与或非门　继电器

与门　或门　异或门　非门（反相器）　变压器　电铃　蜂鸣器

与非门　或非门　异或非门

184

参 考 文 献

[1] 卫俊玲，董春霞主编. 电路仿真与印制电路板设计——基于 Multisim10 与 Protel DXP2004. 北京：中国铁道出版社，2013.

[2] 康晓明，卫俊玲编著. 电路仿真与绘图快速入门教程. 北京：国防工业出版社，2009.

[3] 聂曲主编. Multisim9 计算机仿真在电子电路设计中的应用. 北京：电子工业出版社，2007.

[4] 张松，张霆，廖科，等. Protel 2004 电路设计教程. 北京：清华大学出版社，2006.

[5] 姜立华，等. 实用电工电子电路 450 例. 北京：电子工业出版社，2008.

[6] 董儒胥. 电工电子实训. 北京：高等教育出版社，2003.

[7] 余孟尝. 数字电子技术基础简明教程. 北京：高等教育出版社，2003.

[8] 徐雯霞.电气绘图与电子 CAD.北京：高等教育出版社，2010.

[9] 董国增. 电气 CAD 技术. 北京：机械工业出版社，2011.